キッチンからはじめる!日本一カンタンな家庭菜園の入門本 おうち野菜づくり

以菜種菜真簡單

農業技術顧問 宮崎大輔 著

前言

世界第一簡單的家庭菜園——以菜種菜

你對家庭菜園的印象是什麼呢？

「要有院子。」

「要先買種子。」

「對初學者來說好像不太容易……」

或許有人是這麼認為的吧！

但實際上，

常春藤（觀葉植物）　紫蘇（後面）／羅勒（前面）　青蔥

有簡單就能享受家庭菜園樂趣的方法，
那就是——「以菜種菜」。
也就是「再生栽培」的意思。

不需要庭院或田地。
也不需要買種子或幼苗。
就算是初學者也能有滿滿收穫。
只要切下一小段買來的蔬菜，
用這一小段就能讓蔬菜再生。

要不要試試開始在家種菜呢？
不需要想得太難，請先切下一小段蔬菜，
並浸泡在水裡培育看看吧！

宮崎大輔

酪梨　酪梨　青蔥

簡單！
可以一直種！

以菜種菜的魅力

簡單，是「以菜種菜」的優點，
只要下定決心就可以立刻著手進行。
「成功了會覺得很有成就感！就算失敗，下次再換過就行了」。
抱著這樣輕鬆無負擔的想法開始吧！

由我來向各位
簡單說明～

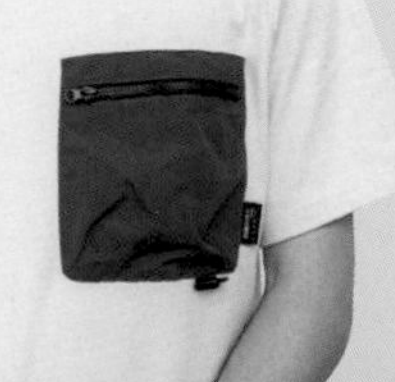

栽培」？

什麼是「再生

輕鬆&簡單地進行挑戰，用愉快的心情培育蔬菜吧！

以菜種菜，以園藝專業用語稱為「再生栽培」。是指切下蔬菜的一小塊根、莖或挖出種子，經過培育就能長大、重新採收的方式，又稱作「蔬菜再生（reborn vegetable）」。

如此簡單就能做到的家庭菜園型態，正慢慢風行在我們的日常生活中。尤其因COVID-19 新冠肺炎疫情的關係，待在家的時間比以往更多的今天，這種簡單又有趣的種菜方式以新興趣之姿受到大眾矚目，想要嘗試的人更是有增無減。

再生栽培最大的特徵是初學者也能立刻上手，無需擔心失敗。每吃一次蔬菜就能有一次挑戰的機會。像這樣輕鬆就能做到也是優點之一。如果你也樂在培育蔬菜的過程，還請務必親自採收、做成料理好好品嚐，然後持續種下去唷！

五大魅力

減少費用支出！

1 可以不用買種子或是幼苗

將買回家的蔬菜切下一小段插到水裡，把本來要丟掉的根種植到土壤裡，從果實取出種子等等，以這樣的方法來當作幼苗，完全不需要支出費用！因為僅利用到些許的蔬菜來栽培，比起購買幼苗或種子來種植，成本更是大大減少。

2 培育的過程樂趣滿滿

根從莖的部分逐日長長，葉子從切下的一小段蔬菜上再長出來，像這樣觀察植物的變化比想像中還要令人著迷。例如嫩芽會從洋蔥頂端冒出來也很有意思！

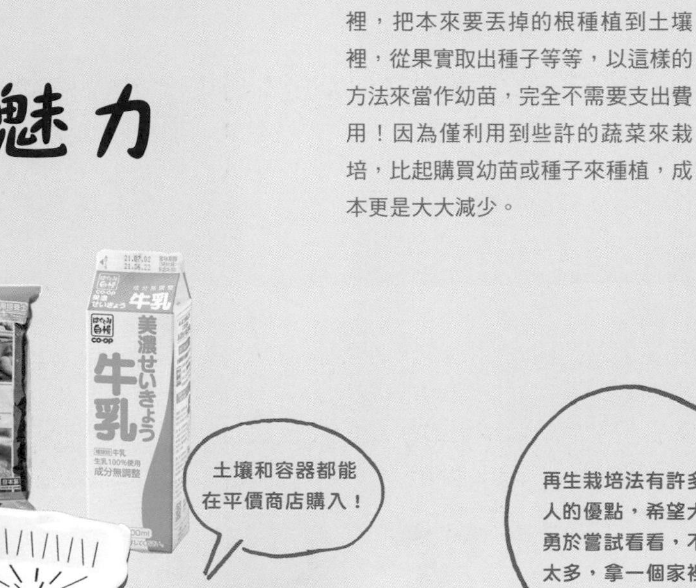

土壤和容器都能在平價商店購入！

3 簡單就能準備好所需用品

只要有從超市、市場買回家的日常蔬菜就可以開始了，像是胡蘿蔔、青蔥、薄荷等等，不買盆器也可以，請從「只要一個杯子就能採收的蔬菜」開始挑戰吧！

再生栽培法有許多吸引人的優點，希望大家能勇於嘗試看看，不用想太多，拿一個家裡現有的蔬菜就開始吧！

非常適合作為
後疫情時代的
休閒活動！

4 能取得安心、安全的食材

現在有越來越多人追求不使用農藥栽培的安心食材，甚至想要自給自足。因COVID-19疫情的影響而不太敢外食的那段日子，我想多數人還記憶猶存。從這觀點出發，再生栽培可說是一項很棒的休閒嗜好。

以菜種菜的

5 親子攜手同做，在生活中實踐食育

蔬菜是怎麼種出來的呢？這正是對孩子們最好的機會教育。我也聽到很多家長說，「我們家小孩本來不喜歡吃青椒等蔬菜，因為是自己親手栽種、照顧的，而且也從中了解營養價值，現在變得喜歡吃了」。

目次

前言 …… 002

以菜種菜的魅力 …… 004

第1章
一個杯子就OK！
以菜種菜的基礎知識 …… 011

再生栽培的基本順序 …… 012

依培育方法不同而產生的優缺點／水耕培育的重點 …… 013

土壤的使用方法 …… 014

容器的選擇方法／肥料的選擇方法 …… 015

茁壯長大的要訣 …… 016

避免枯萎的對策 …… 017

可多次採收的樂趣 …… 018

病蟲害防治對策 …… 019

季節與氣溫的對應方法／在狹窄陽台栽培蔬菜的工夫 …… 020

只要了解這些，
就可以開始了！

第2章
用平價商品&日用品就足夠！
以菜種菜的基本用具 021

平價的便利用品 …… 022

平價品的運用方法 …… 026

日用品活用術 …… 028

從本章開始介紹
每種蔬菜的培育方法！

第3章 葉菜類蔬菜 033

胡蘿蔔葉 034
白蘿蔔葉 035
青蔥／珠蔥 036
芫荽（香菜） 038
大蔥 040
紫蘇 042
鴨兒芹 044
西洋菜 046
空心菜 048
埃及國王菜 050
皇宮菜 052
春菊（山茼蒿） 054
小松菜 056
青江菜 058
水菜 060
紅葉萵苣／橡葉萵苣 062
菠菜 064
綠花椰菜 066
洋蔥 068
高麗菜 070
大白菜 072

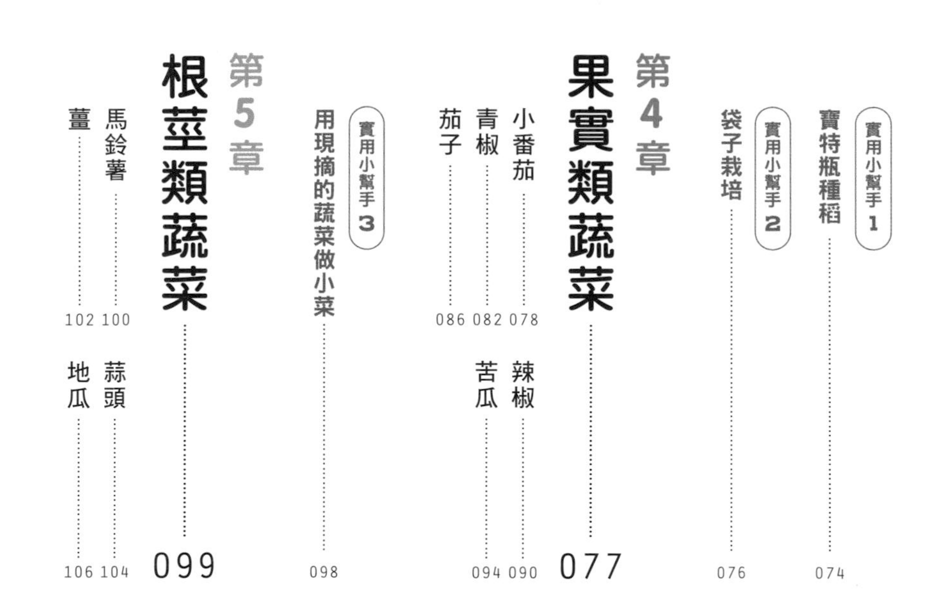

實用小幫手1 寶特瓶種稻 074
實用小幫手2 袋子栽培 076

第4章 果實類蔬菜 077

小番茄 078
青椒 082
茄子 086
辣椒 090
苦瓜 094

實用小幫手3 用現摘的蔬菜做小菜 098

第5章 根莖類蔬菜 099

馬鈴薯 100
薑 102
蒜頭 104
地瓜 106

第6章 水果 109

草莓 110
小玉西瓜 114
洋香瓜 118
實用小幫手4 手工釀果實酒 122

第7章 香草&新芽 123

茴香 124
薄荷 126
羅勒 128
檸檬香蜂草 130
迷迭香 132
小豆苗 134
玉米粒新芽 136
蒜頭新芽 138
實用小幫手5 歡迎蒞臨宮崎家菜園 140
後記 142

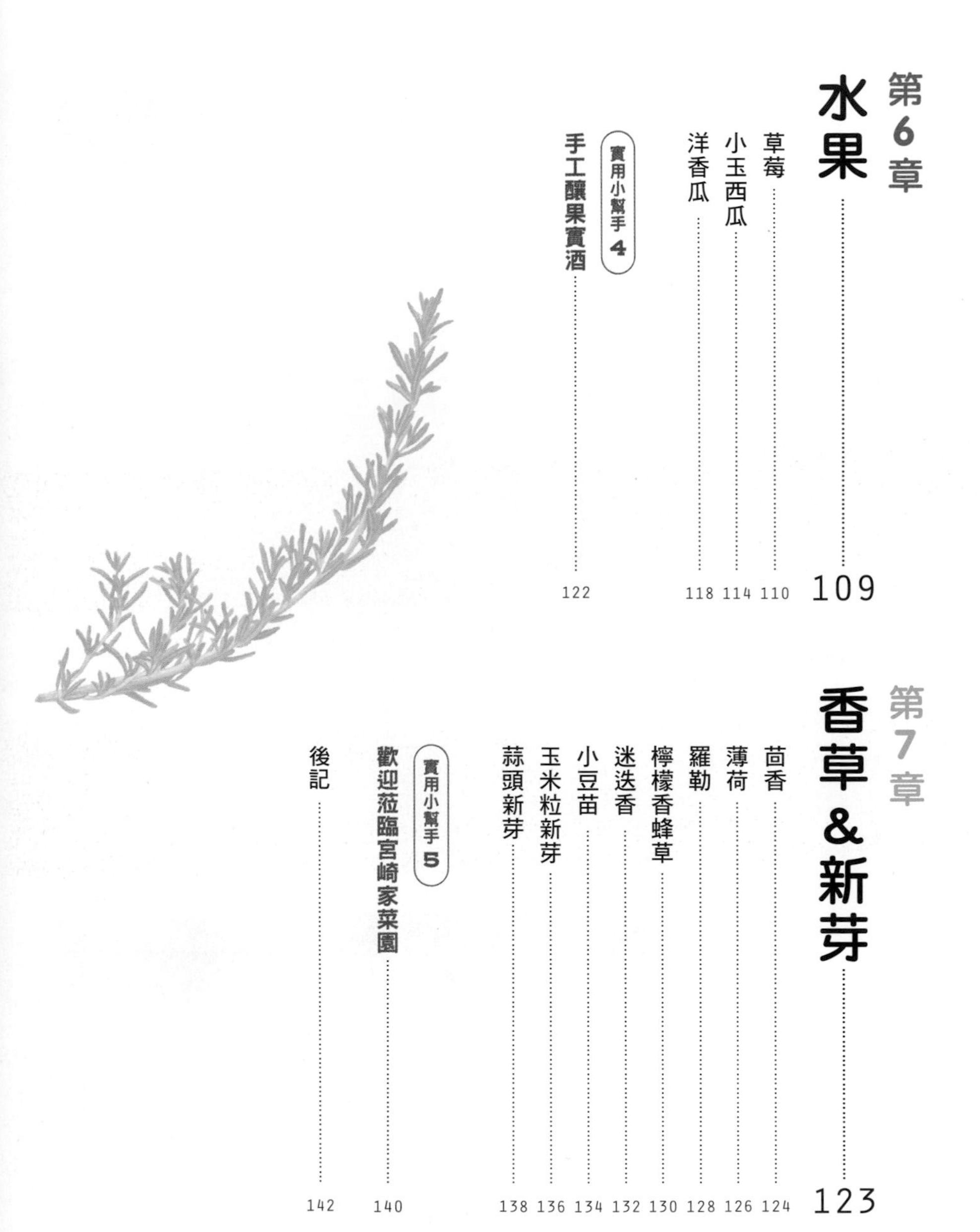

第 1 章

一個杯子就OK！

以菜種菜的基礎知識

在動手嘗試再生栽培之前，

請先了解有關培育蔬菜的基本知識，

並確認各項事前準備作業。

此外，也會詳述家庭菜園常有的煩惱，

以及提高收穫量的重點。

再生栽培的基本順序

❶ 製作苗株

一般來說，培植蔬菜都須先購入種子或是種苗，但是，再生栽培則是從購入的蔬菜取籽、製作苗株開始。方法大致有三種。適合採用哪一種方法，則由蔬菜種類來決定。

從丟掉的部分再生

將頭、芯、根、要丟掉的籽等不食用的部分浸泡在水中培育，即可再次收穫的方法。

可以種這些蔬菜！

- 胡蘿蔔葉 P034
- 高麗菜 P070
- 大白菜 P072
- 小玉西瓜 P114
- 洋香瓜 P118

不吃它讓它增生

利用會長大的小葉子，使其繼續增生的方法。也可利用發芽後就不適合吃的馬鈴薯等蔬菜。

可以種這些蔬菜！

- 空心菜 P048
- 馬鈴薯 P100
- 蒜頭 P104
- 草莓 P110
- 蒜頭新芽 P138

取籽讓它發芽

取蔬菜、水果的種子並埋入土壤中的方法。像是辣椒這種乾燥的種子也行。

可以種這些蔬菜！

- 小番茄 P078
- 青椒 P082
- 茄子 P086
- 辣椒 P090
- 苦瓜 P094

只要能了解P12～15的內容，就能做到最低限度的栽培！

❷ 培育

準備土壤和容器，然後種植苗株，再配合生長狀態，適時給予水和肥料。也有不使用土壤改以水耕栽培的方法，但如果沒有完備的水耕栽培裝置，選擇種在土壤中會生長得比較好。

日常照顧

最重要的是每天觀察生長狀態。當土壤表面已呈現乾燥就是澆水的時機。再加上做好病蟲害的防治對策（參考P19），就能做好日常照顧。

POINT

- ☑ 每天觀察
- ☑ 注意澆水的時機
- ☑ 採取病蟲害的防治對策

追肥

大概經過1個月左右，基肥（第一次加入的肥料）就幾乎沒有了，這時就需追肥（追加的肥料）。葉子的顏色變淡、葉子越長越小都是欠缺肥料的警示。

POINT

- ☑ 約1個月後追肥
- ☑ 接下來每個月都要追肥
- ☑ 緩效性肥料較不易失敗

❸ 採收

當再生的蔬菜長到比超市賣的大小再稍微小一點的時候，就是採收的時間點。除了根莖類蔬菜，大部分都能用剪刀剪下食用的部分。手邊剛好沒有剪刀時，也可以直接用手摘。根莖類蔬菜則需要挖土採收。採收量則依料理當時所需的分量決定。

2 依培育方法不同而產生的優缺點

蔬菜的培育方法大致可分兩種：種在土裡的土耕，和浸在水中的水耕。本書中介紹的水耕方法僅使用自來水來培育，完全不會用到液態肥料和氣泵。土耕和水耕則各有其優缺點。

土耕

從過去到現在
最普遍的
培育方法

優點

- ○ 水和肥料積蓄在土壤裡，蔬菜能長得健康又茁壯
- ○ 有空間讓根部伸展便不易枯萎，蔬菜能好好地生長
- ○ 有土壤的支撐，根莖類蔬菜和莖比較長的蔬菜都較容易培育

缺點

- ✕ 種完要丟的土壤處理起來比較麻煩（處理方法依地區而異）
- ✕ 需要準備土壤和容器比較麻煩

水耕

優點

- ○ 就只是浸泡在水中，簡簡單單就能開始
- ○ 不指定場所，放在廚房角落也OK
- ○ 只需每天換水即可，不需澆水

缺點

- ✕ 養分和氧氣會越來越少、長不大
- ✕ 能培育的蔬菜種類有限

3 水耕培育的重點

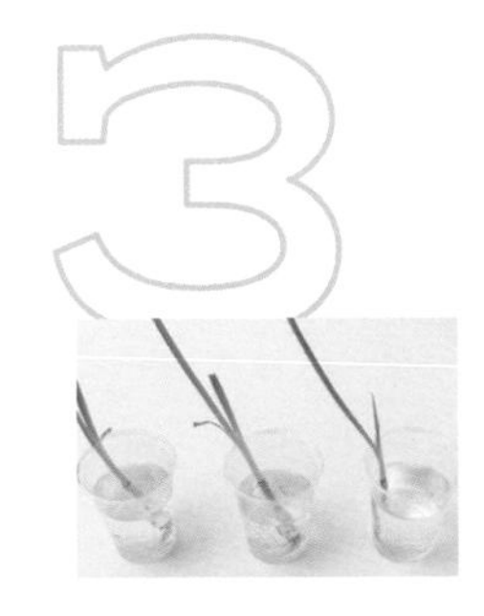

換水很重要

基本上只要切下一小段蔬菜浸泡在水中，成長後便能採收。但要注意水不要淹過芽和葉，並且要每天換水，並清洗根部。

清洗塑膠杯

水發臭時會孳生細菌使得植物枯萎。除了換水，也須經常以洗碗精清洗塑膠杯等容器，減少細菌繁殖才能種得長久。

可以種這些蔬菜！

- 西洋菜 P046
- 薄荷 P126
- 羅勒 P128

土壤的使用方法

填土的基本做法

無論是哪種蔬菜，將土壤放入容器內的方法都相同。最下方鋪缽底石，接著是培養土。土壤的量約是盆器的九分滿。

POINT

- ☑ 最下方鋪缽底石能提高排水性
- ☑ 土壤盡可能多放一些，能使蔬菜培育得更好

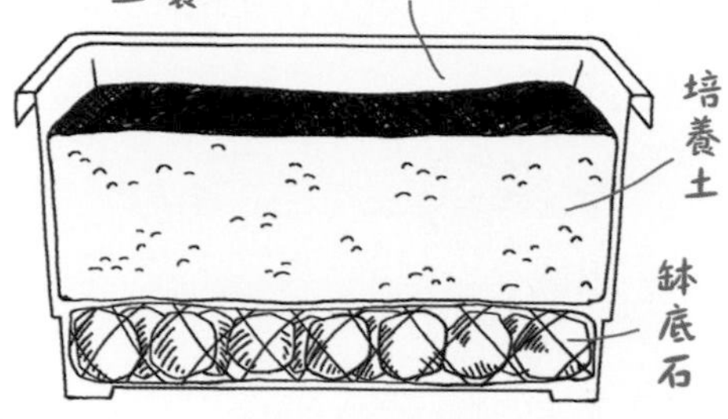

培養土的選擇原則

選擇包裝上寫有「添加基肥的培養土」。裡面除了基肥，還有透氣性及保水性佳的優質土壤，對初學者而言，不需重新調配土壤能馬上開始種植，非常方便。

POINT

- ☑ 選擇有添加基肥的培養土
- ☑ 不需重新調配土壤
- ☑ 含有適合培育蔬菜的成分
- ☑ 因添加基肥，可1個月不用追肥

添加一點有機質&礦物質

當土壤的保水性變差時，加入20%～30%的泥炭土，便能提升保水性及保肥性。再添加大約50%的蛭石，就是適合播撒種子、製作苗株的土壤了。

POINT

- ☑ 能夠補強一般培養土的弱點
- ☑ 可根據用途，改良成適合的土壤

土壤的介紹請參考P023

重複使用的處理法

雖然說培育完蔬菜的土壤可重複使用，但也不可以立刻種植其他蔬菜，必須讓它回復到原本的狀態才行。也就是說，舊的土因排水較差也欠缺養分，必須處理過後才能使用。

POINT

- ☑ 為改善排水問題，請加入約10%的珍珠石和輕石
- ☑ 利用發酵油粕等緩效性肥料來提高養分含量

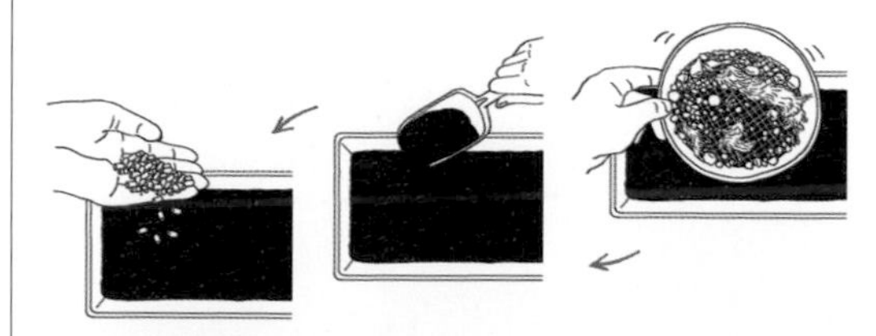

首先清除土壤中的根和莖。既有的土量少的話，請加入新的土之後再給予追肥。為避免發生連作障礙，請種植與之前不同的蔬菜。

5

容器的選擇方法

配合要培育的蔬菜種類

有的蔬菜需要有深度的容器、有的只需要少少的土、有的連土都不用也能栽培，蔬菜種類不同，需要的容器也不同。請準備適合培育蔬菜的容器吧！

POINT

- 葉菜類蔬菜的土少量即可，甚至只用水也行
- 根莖類和果實類的蔬菜就需要有深度的盆器

根莖類蔬菜

果實類蔬菜

葉菜類蔬菜

根莖類蔬菜請準備至少有30cm深的大型盆器。果實類蔬菜也需要深盆器，根部才有伸展空間。葉菜類蔬菜使用小型盆器就行了。

優先選擇大型的盆器

容器大，表示能放入的土壤也多。有句話說「大能兼小」，如果沒有空間放置上的問題，建議就選擇大盆器。

POINT

- 選擇能放很多土壤的大盆器
- 不知道該買哪個好的時候，選大的就對了

平價商店裡就有這麼多款式可以選！

6

肥料的選擇方法

用形狀和味道來選

肥料有分固態肥料（化學肥料和有機肥料）和液態肥料，從效果來看分為即效性和緩效性。有機肥料的人氣度高，但有強烈的雞屎等味道，選購時請留意。

POINT

- 有機肥料以發酵油粕製成，適合初學者使用
- 不喜歡臭味或是蟲子的人，建議使用化學肥料

添加肥料的方法

如果使用的是有添加基肥的培養土，就不需要在一開始就追肥。當養分減少要追肥時，請儘量遠離植株，從盆器邊緣加入。

POINT

- 遠離植株可避免肥傷

在土裡挖個凹槽放入肥料，再輕輕地覆蓋起來，養分就能慢慢釋放出來。

茁壯長大的要訣

請在天氣好的日子摘除側芽。下雨天進行的話，切口不易乾燥，會提高生病的可能性。

摘除側芽

目的在於減少養分的消耗。因為旁枝越多養分越分散，就不容易長得高大。摘除側芽便能使養分集中在成長的部位。

這些蔬菜需要摘芽

- 小番茄 P078
- 茄子 P086
- 辣椒 P090

不要太貪心種很多植株在盆器裡。植株少，病蟲害發生機率就低，照顧起來比較輕鬆。請依盆器大小做調整吧！

良好的日照

培育蔬菜的三大要素是光、水和肥料。想要蔬菜長得高大，就要放在日照良好的場所。夏天天氣悶熱，也請注意溫度帶來的影響。

在陽台培育時，請將盆栽放在日照良好的地方，讓每片葉子都有充足的日照。

	水	肥料
頻率	土壤表面乾的時候再澆	約 1 個月一次（依蔬菜而異）
量	澆到水從盆底流出來為止	肥料包裝袋上記載的量

加過多的水和肥料都NG

想要蔬菜長得高大茁壯就加很多水和肥料的話，反而會增加它枯萎、生病的危險性。務必定時定量照料。

避免枯萎的對策

經常觀察，掌握SOS

蔬菜枯萎之前，一定會有什麼徵兆出現。這裡將介紹簡單的檢查重點及代表性對策。由於原因分歧，不見得這個對策就絕對適合，假設狀況仍得不到改善，請再試試其他方法。

檢查 溫度

- 夏天氣溫過高時，請移動到陰涼處
- 冬天氣溫過低時，請拿到室內或是溫室避寒

檢查 土壤

- 土壤表面呈現乾燥狀態時，請大量澆水
- 萬一產生惡臭或是發霉時，請清洗接水盤，減少澆水量

檢查 葉子

- 葉子變黃時，就要施予即效性肥料
- 葉子呈深綠色、或是有很多蚜蟲時，就不要再加肥料
- 葉子邊緣枯萎時，請控制澆水量
- 葉子上有白色粉狀物時，請用水清洗乾淨

不要忘記也要檢查葉子的背面有沒有異常情況

了解蔬菜的特徵

有些蔬菜能度過嚴寒冬日，有些蔬菜不需太多日照也能生長得很好，各有其適應的環境。只要了解它們各自的特性並給予適合的照顧，就能減少枯萎的風險。

耐寒的蔬菜

- 綠花椰菜 P066
- 蒜頭 P104
- 檸檬香蜂草 P130

日照差也能成長的蔬菜

- 薄荷 P126
- 羅勒 P128
- 玉米粒新芽 P136

可多次採收的樂趣

每次只採收 需要的量

通常超市販售的辛香類蔬菜或是香草類的分量都無法一次用完。要是能夠自己栽培，便能一次只採收所需的量，也能減少食物的浪費。

這些蔬菜符合條件

- 青蔥 P036
- 紅葉萵苣／橡葉萵苣 P062
- 檸檬香蜂草 P130
- 迷迭香 P132

自行選擇 喜歡的時間點

葉菜類蔬菜即使在要結束培育前採收，也能不斷地冒出新芽。葉片雖小但不失其風味。越早開始採收，享受栽培樂趣的時間就越長。

這些蔬菜符合條件

- 春菊 P054
- 小松菜 P056
- 青江菜 P058
- 水菜 P060
- 菠菜 P064

蔬菜也會開出惹人憐愛的漂亮花朵

花一開，代表收穫期結束。但有種子的話便能期待下一個季節的收穫。

最佳取籽時機是從完全成熟的果實上取下，或是從已經枯萎乾巴巴的豆莢取出。

擷取種子 在下一個季節培育

蔬菜也是一種植物，有持續生長就會開花，只要不放棄培育，最後就能擷取到種子。播下種子、長出新芽、採收新蔬菜是有可能的。不分季節皆能培育。

這些蔬菜符合條件

- 白蘿蔔葉 P035
- 芫荽 P038
- 大蔥 P040
- 紫蘇 P042
- 埃及國王菜 P050

病蟲害防治對策

利用防蟲網

利用防蟲網確實將盆栽包起來，便能做到物理性防蟲。就算沒有蟲子，也要包得密密實實。同樣有驅趕鴿子、麻雀的效果。

有這樣的效果

- 蟲子不易接近，也能減少使用農藥的次數

適當使用農藥

不喜歡使用化學農藥的人，以下推薦有機栽培也能使用的農藥。這類農藥是使用令人放心的食品成分製成。它與一般的農藥相同在高溫時易產生藥害，使用上請注意。

園藝用醋（やさお酢）

百分百食醋做成的農藥。可用在即將收穫之前，即使是已結果實也能安心使用。

有這樣的效果

- 驅蟲
- 擊退灰黴病
- 植物更有活力朝氣

Lohas de Happy（ロハピ）

成分為椰子油的農藥。能驅除綠毛蟲。沒有味道，室內也能使用。

有這樣的效果

- 擊退疾病
- 驅蟲
- 對綠毛蟲也有效果

用自來水清洗

當發現葉片上有白色粉狀物時，對付白粉病的方法。利用強力噴水清洗乾淨即可。

有這樣的效果

- 對付輕度白粉病
- 驅除蚜蟲及紅蜘蛛

噴灑稀釋的醋

獲得效果與安全性證明的特定農藥之一。1公升的寶特瓶水中加入1個杯蓋的醋，混合均勻再用噴頭噴灑。

有這樣的效果

- 驅蟲
- 虛弱葉子變健康

噴灑小蘇打溶液

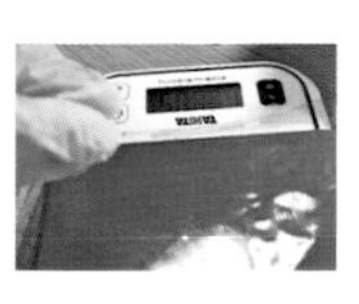

獲得效果與安全性證明的特定農藥之一。具有殺菌效果。1公升的水加1g的小蘇打粉，混合均勻再用噴頭噴灑。

有這樣的效果

- 預防與治療白粉病、灰黴病、銹病

季節與氣溫的對應方法

11

再生栽培的最佳開始時間

想掌握比較容易培育成功的時間，請從採收期往回推算到生長期。通常葉菜類蔬菜和香草在室內培育的情形較多，只要確實做好低溫避寒對策，任何季節都可以開始再生栽培。

- 苦瓜 P094
- 地瓜 P106
- 草莓 P110

從秋天開始

- 洋蔥 P068
- 蒜頭 P104

整年隨時都可開始

- 白蘿蔔葉 P035
- 小松菜 P056
- 水菜 P060
- 小豆苗 P134
- 蒜頭新芽 P138

留意天氣預報，提早做準備

颱風對策

要避免大雨或是強風來襲時，盆栽及莖較長的蔬菜不被吹倒的具體對策，就是固定盆栽或是搬到不受影響的場所。

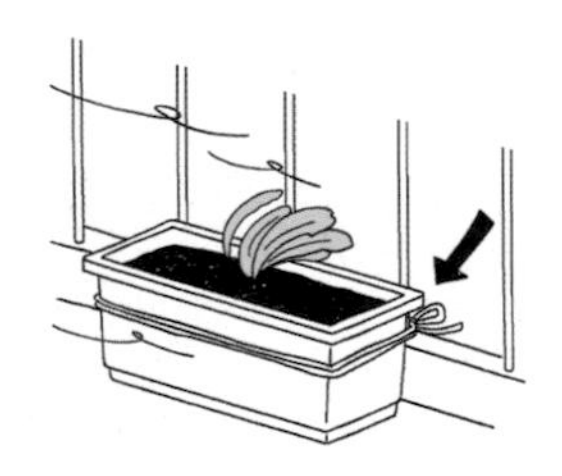

- ☑ 將盆栽固定在陽台欄杆上
- ☑ 搬到室內躲避強風豪雨
- ☑ 將盆栽全部集中在一起

酷暑＆嚴寒對策

蔬菜要種得好，炎夏及寒冬的對策就相對重要。從早晚明顯變冷的秋末到初春這段時間，就可以進行嚴寒對策。

- ☑ 移至室內度過酷暑或嚴寒的時間
- ☑ 夏天：注意澆水的溫度不要過高
- ☑ 冬天：在迷你溫室避寒

※示意圖

也可拿裝衣物用的塑膠箱來代替

親手搭迷你溫室吧！

1. 準備在平價商店就能買到的層架
2. 用大型塑膠袋將層架完全覆蓋上
3. 最後再牢牢固定住以免被大風吹翻就完成了

在狹窄陽台栽培蔬菜的工夫

12

以直立式支架節省空間

需要架網協助成長的藤蔓型蔬菜，可以垂直架設爬藤支架，這麼一來便能節省許多空間。

搭配垂吊式有效活用空間

盆栽上方容易形成無用空間，若搭配垂吊式盆栽一起使用，便能充分運用空間。

第2章

用平價商品＆日用品就足夠 ！

以菜種菜的基本用具

比起土耕需要準備幾項工具，
水耕的再生栽培不需要特別的工具，
只需選用在平價商店就能買到的低成本用品，
或是身邊垂手可得的日用品就好了。

嚴選能立刻使用的商品！

平價的便利用品

推薦大家一開始在平價商店選購再生栽培所需的用品就好。無論是價格還是品質都不會輸給園藝店喔！

托盤

用來浸泡蔬菜的頭或根部，都相當好用。也能當作放置培育蔬菜的塑膠杯、寶特瓶、迷你盆器使用。

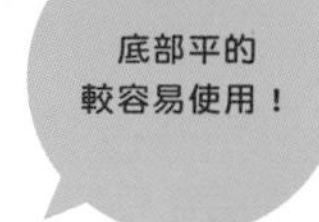

附濾網的托盤

推薦需要水耕的豆苗及移植到土壤前製作苗株時使用。因濾網和托盤是一個組合，兩者大小相符，非常便於換水。

※本書中介紹的盆器大小標準請參照P33

垂吊式盆器

可將盆栽放入吊掛起來。也可將原本塞在底部洞孔的拴子移除，直接倒土進去。附有掛勾，方便好用。

盆器

尺寸、樣式、材質等種類相當豐富，中小型的盆器選擇性較多。選購時請先想想要栽培什麼蔬菜以及家裡的空間環境。

容器

迷你桶

若要培育苗株或是小型蔬菜，準備手掌大小的桶子就行了。容易生鏽的容器不適合直接將土倒入進行培育，但可當作塑膠杯的外觀裝飾。

→ 使用範例請看 P026

塑膠杯

透明塑膠杯是蔬菜水耕與播種工程的一大法寶。尺寸有大有小，選用哪一種都沒關係，請準備數個備用。

※還請留意，作者在此介紹的商品，都是在日本「100円均一價」的百圓店購得。依據國家或地區的不同，有些店鋪可能沒有販售介紹的特定商品，建議可利用網路商店等管道購得相似的商品。

土・肥料

MIYAZAKI MEMO

因是用網子包裝起來的，便於重複使用。

發泡煉石

透氣性佳的發泡煉石，可取代缽底石來使用。優點是輕巧好用。若是小型盆器用1～2袋就夠了。

有機肥料

成分有發酵油粕、雞糞等數種。有機肥料一定會產生臭味、招來果蠅，建議無法接受的人改用化學肥料。

輕量培養土

主要原料為椰子纖維。因富含空氣，倒入盆器裡時請壓緊。

MIYAZAKI MEMO

培養土

原則上選用「添加基肥」的土壤就沒問題了。但如添加更多成分在內，品質上也較為均衡。購買前請先確認有哪些成分。

MIYAZAKI MEMO

和其他土壤混合使用吧！

膨脹蛭石

保水性、保肥性、排水性、透氣性皆優的土壤改良用土。整體而言能提升土壤透氣性及含水性，但光用它來培育蔬菜就不太適合了，須與其他土混合使用。

泥炭土

又稱「草炭土」，主要成分是苔蘚等植物，保水性與保肥性極佳。當作培育蔬菜用土的話，pH值略低，建議加一點培養土一起使用。

其他

橡膠手套

從事家庭菜園工作時，非常推薦使用手心是橡膠、手背是針織材質的手套來保護雙手。透氣性佳，也很服貼。

盆栽底座

附輪子，能輕鬆地移動盆栽。即使因排水或土壤弄髒了陽台，也能馬上移走盆栽，把陽台打掃乾淨。

MIYAZAKI MEMO

因為是組合式的，可拆解收納。

澆水器・手持式噴霧瓶

家庭菜園的澆水器使用大型組合式的會比較好用。手持式噴霧瓶是噴稀釋過的醋和小蘇打粉不可少的工具。

寶特瓶用澆水器

取代蓋子裝在寶特瓶上，就成了自動給水器。它不像澆水器會倒出大量的水，將它插入土中就會慢慢地給水。

小蘇打粉

有殺菌作用，能發揮治療病蟲害的效果。

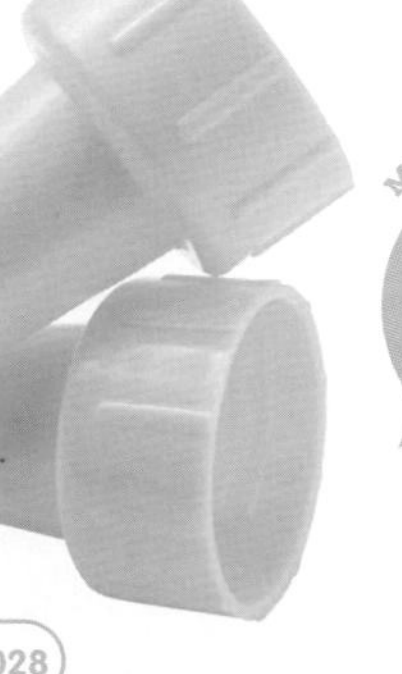

MIYAZAKI MEMO

若要外出2～3天，用它來澆水就OK了！

→ 使用範例請看 P028

MIYAZAKI MEMO

要在室內或陽台換土時的必備用品！

園藝地墊

四角有釦子扣住形成高度，土壤就不會撒到外面去。換土前先將它鋪好，就不會弄髒室內或陽台，事後打掃起來也較輕鬆。

園藝紮帶

用來固定苗株或藤蔓等植物，家裡備著一捆，要用時就非常方便。它本身是綠色的，綁在莖葉上也不會影響觀瞻。

MIYAZAKI MEMO

手持的範圍長一些，會較容易使用。

鑷子

取小顆種子、驅趕小型蟲子時不可或缺的寶物。比直接用手指頭要來得容易多了。

MIYAZAKI MEMO

透氣性佳又舒服！

帽子專用的驅蟲網

避免臉被蚊蟲叮咬的網子。覆蓋在帽簷上使用。網子下方可束起來，能防止蚊蟲入侵。

名牌

記錄下播種的日子或是換苗株種植的日子，在培育蔬菜上非常重要。為了避免忘記，在名牌上寫上蔬菜名稱後插入土壤裡吧！

MIYAZAKI MEMO

也可選用連接類型的支柱！

園藝支柱

長短粗細等種類繁多，不需要買太長，要在陽台、室內使用的話，長度100～150cm就足夠了。

鏟子

常用在加土作業或是種植苗株時使用。若要鬆土建議使用前端尖的鏟子，挖土建議使用深型鏟子。

製作苗株

將塑膠杯放入復古迷你桶中，就形成好看的外觀，也是一種相當時髦的擺設。右圖中水耕培育的香草的莖已長出根來了。

要水耕培育根莖類的頭時，淺托盤不僅比有深度的塑膠杯好用也方便換水。就這樣把它放在廚房裡培育吧！

實際示範各種商品的用法！

平價品的運用方法

到底該如何使用P22～25介紹的商品呢？別擔心，這裡將實際做給大家看。邊參考邊操作看看吧！

輕鬆簡單的水耕栽培

塑膠杯 P022

把要土耕的青蔥先以水耕栽培。因塑膠杯是透明的，能很清楚地看到水是否髒了、生長狀態好不好。

托盤大小要完全放得下連籽帶根的小豆苗。換水時，只要將白色濾網拿起來就行了，輕鬆不費力。

多樣形態的土耕栽培

因為辣椒根系較深，選擇有深度且直徑為27cm的盆器。插一根長150cm的園藝支柱，再用綠色紮帶將苗株固定在支柱上。

在盆栽最底部放入發泡煉石，上面再放培養土。用淺托盤當作盆栽的接水盤。

垂吊式盆栽裡種了草莓苗。組合式澆水器容量多達2公升，出水量剛好用起來很順手。

寬64cm的方形盆器中，混合種植了四種香草。為了一眼就認出香草品種，使用名牌做標示。

利用身邊垂手可得的東西栽培吧！

日用品活用術

用來再生栽培的工具，不全都是園藝用品。這裡將介紹寶特瓶以及每個家庭常備物品的活用方法。

下圖為將寶特瓶剖開、橫放的範例。蓋緊瓶蓋橫著放置，再用美工刀切除瓶身上方，可代替盆器來使用。

寶特瓶篇

運用範圍廣泛的萬用品！

簡單以水耕栽培羅勒。利用瓶口窄小的特性，根部能充分浸泡在水裡。

寶特瓶用澆水器 P024

平價商店有販售一些裝置在寶特瓶上的小零件。左圖是將寶特瓶作為自動澆水器的使用範例。

寶特瓶加工後能當作盆器。若只要培育一株，半個寶特瓶就夠了；若要培育很多株，就橫著放置使用。

大幅減少澆水的次數！

觀看影片

底部給水的方法

所謂底部給水是利用毛細管現象，讓水由下往上吸的澆水方法。如此能夠減少澆水的次數，省去澆水的麻煩。雖然很便利，但也要注意避免因給水過多導致根部腐爛的狀況。

STEP 1

切開500ml容量的寶特瓶

POINT 用膠帶將切口貼起來，以免傷到植株。

約在寶特瓶的2/3處切開成兩個。這兩個重疊在一起時，下方須保留5cm左右的空間。

STEP 2

瓶蓋打洞

用美工刀或是錐子在瓶蓋正中央鑽洞。洞孔以濕紙巾能穿過的大小為基準。

POINT 拿一根細棒或是錐子多來回幾次穿過洞孔，孔就會變大一點了。

STEP 3

濕紙巾穿過洞孔

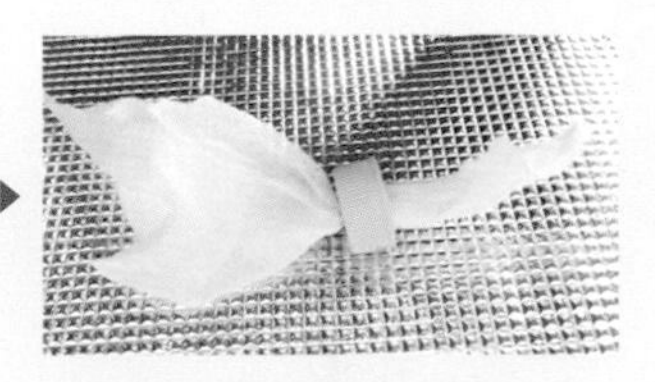

濕紙巾用清水反覆洗幾次，洗去酒精和香料。擰乾水分後整型成條狀，穿過瓶蓋的洞孔。

STEP 4

組合上下瓶身

為避免根部腐爛，用錐子在有瓶蓋的那個瓶身多打幾個洞。然後將穿過濕紙巾的瓶蓋蓋緊上半部瓶身後，瓶蓋朝底放進下半部瓶身中，組合起來。

STEP 5

種苗株

將土放進上方的瓶身，把苗株種進去。下方的瓶身裝水，水位約與瓶蓋下緣對齊。完成！等水少了再加水即可。

POINT 偶爾從上方澆水，讓土壤裡的水能順利排出。

❶ 氣泡袋

有一種網購的包裝袋裡面有一層氣泡紙。這種袋子堅固又耐用，可取代盆器使用。如照片所示，為能安穩地放置，底部先用膠帶封起來之後再放入土壤，裡面種的是檸檬香蜂草。

其他容器篇

❸ 蛋盒

照片是只利用半個蛋盒來種蒜苗。每一小格分別放進一瓣蒜頭再加水進去。如果容器太大，蒜頭會在裡面滾來滾去，一般蛋盒則是大小適中。

❷ 牛奶盒

雖然牛奶盒是紙做的，但它弄濕了也不會破。像這種素材不僅容易二次加工，且耐用，非常適合用來取代盆器！可以直立種植根系長的植物，也可以如照片橫放都沒問題。

⑤ 味噌盒

味噌盒可放入很多土壤，即便遭受外力撞擊也不容易搖晃或傾倒，能穩穩地保護蔬菜縱向或橫向生長。照片中種的是羅勒，就算羅勒再長大一點也完全沒問題，是一個非常穩固的容器。

④ 飲料杯

附有半個圓球狀杯蓋的飲料杯，相當適合作為水耕栽培的容器！只需將杯蓋反著蓋在杯身上就行了。

SELECT POINT

選擇容易加工及堅固耐用的容器

只要是能裝土和水的容器，都可以當作盆器使用。但有兩個重點要注意，一是必須要有排水用的孔洞，所以容易二次加工的東西會比較適合；二是必須承受得住長期日曬及水，要是很快就因此而龜裂會很困擾，所以也要考慮容器是否堅固耐用。

⑥ 空罐

照片是在堅固耐用的空罐頭（玉米或番茄罐頭皆適用）中種了迷迭香。銀色的罐身加上挺立的迷迭香，超乎想像的時尚，當作室內擺設也很漂亮。也可以幫罐子貼上喜歡的紙膠帶或貼紙。

在宮崎家是這樣運用日常品！

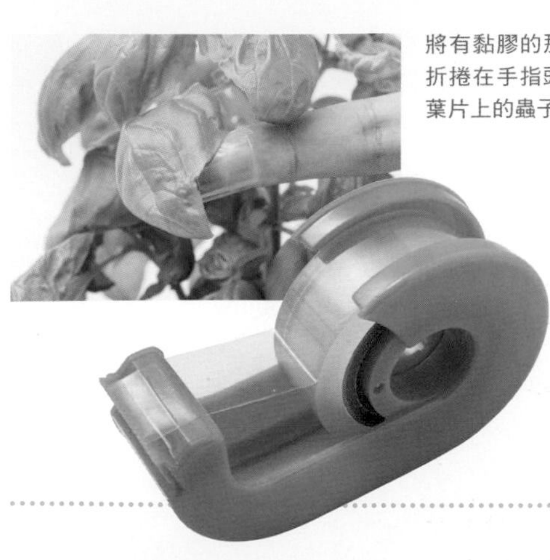

將有黏膠的那面向外反折捲在手指頭上，再把葉片上的蟲子黏起來。

利用透明膠帶驅除害蟲

蚜蟲、紅蜘蛛等害蟲，可用黏著力不是那麼強的透明膠帶來驅除。要是大量發生的話，就要使用農藥了。

利用廚房剪刀採收

專業的農家採收蔬菜時會用園藝用剪刀，而一般家庭菜園用廚房剪刀就行了。

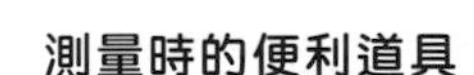

茄子、辣椒、苦瓜等莖比較粗壯的蔬菜，或是藤蔓型蔬菜，就需要用到剪刀。其他的蔬菜用手摘取即可。

將拍下的照片上傳到社群軟體，當作是寫栽培日記也很有趣。

利用智慧型手機、社群軟體做日常紀錄

播種的日子、換土的日子、追肥的日子等等，要一一記住實在不容易。利用手機拍下來，同時也記錄了日期，相當方便。

測量時的便利道具小捲尺

記錄蔬菜的成長變化、或是規劃要種在土壤哪裡等，需要簡單測量的時候，小捲尺就派上用場了。可隨身攜帶，必要時就拿出來測量。

請留意植株與植株之間若沒有保持一定的距離，蔬菜無法長大，也容易發生病蟲害。

從這裡開始介紹各種蔬菜的再生栽培方法！

第3章

葉菜類蔬菜

本章介紹可栽培出葉子來食用的蔬菜。
培育到長出一點嫩芽、新葉就可採收，
即使是從來沒有園藝經驗的初學者，
也能有很高的成功機率。

再生栽培資訊的閱讀方式

難易度

★★★★

主要以水耕培育的蔬菜，標記★；需用土壤且容易培育的蔬菜，標記★★；有難度的蔬菜，標記★★★；步驟多且適合再生栽培高段班的蔬菜，標記★★★★。

場所

陽台

標記適合培育的場所是在廚房、室內（窗邊），或是陽台（也可以是庭院）。

▼栽培方法

迷你托盤	杯子	盆器（小／中／大）

基本上會從迷你托盤、杯子、盆器三選一。也有可能途中需要幫蔬菜更換容器，就會顯示複數選項。盆器尺寸基準為：大盆器長60cm深30cm；中盆器長60cm；小盆器長30cm。杯子則可用塑膠杯代替。

栽種時期

4月下旬～6月下旬

載明適合開始培育的時期。即便寫的是「整年」，也有可能只限於能購買到的當季蔬菜。

從種植到採收的期間

約1個月

從開始種植到第一次採收前的期間。多少會因培育環境、季節而有誤差。

※栽培資訊旁邊的蔬菜插畫圖為示意圖。可能與實際蔬菜的樣貌略有不同。
※本書中收錄的資料僅擷取與再生栽培相關的部分。
※各作物的栽培時程是以種植在日本的品種為基準，因不同地區會產生差異，時間管理請參酌台灣氣候環境調整。

採收基準	大小…略比在超市販售的一般尺寸要小一點	量…只採收當次料理會使用到的分量

胡蘿蔔葉

難易度

★★★★

場所

廚房

栽種時期

整年

從種植到採收的期間

約2週

切下頭部浸水
很快就能採收葉子

多數人買胡蘿蔔回來料理時，會把頭切下丟掉。其實只要將蘿蔔頭浸泡在水裡，就會新生葉子並日漸長大。用這葉子煮味噌湯或做沙拉都很美味，請品嚐看看吧！

▼ 栽培方法

迷你托盤 | 杯子 | 盆器 小 中 大

1 浸水

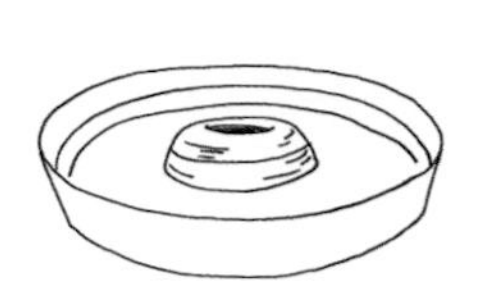

迷你托盤盛水，將胡蘿蔔平常不吃、丟掉的部分（約1cm的頭）浸泡進去。水量不要蓋到會長出葉子的地方。每天換水最為理想，若做不到，至少也要每隔2天換水一次，並清洗一下。

2 採收

約過2週，就會長出新的葉子且日漸長大。想吃就拿剪刀剪下葉子吧！當胡蘿蔔頭不再光滑、發出臭味時，就表示收穫結束了。

MIYAZAKI MEMO

即使將胡蘿蔔頭種在土壤裡也很難再生

或許有人會覺得：「種在土裡會長得更好吧？」於是把長出葉子的胡蘿蔔頭拿去種在土裡，結果反而枯死了。這是因為缺乏可以汲取水分的根，所以吸水力特別的弱。胡蘿蔔頭最好的再生方法就是水耕。

白蘿蔔葉

難易度

★★★★

場所

廚房

栽種時期

整年

從種植到採收的期間

約2週

有了葉子
再生就很簡單

白蘿蔔除了大家熟悉的白色根部之外，葉子也能當作一般蔬菜食用。以葉子做菜的食譜也相當多。買蘿蔔的時候可以特地找帶有葉片的，就能從蘿蔔頭再生。

▼栽培方法

迷你托盤 | 杯子 | 盆器 小 中 大

1 浸水

迷你托盤盛水，將白蘿蔔平常不吃、丟掉的部分（約1cm的頭）浸泡進去。最好連莖帶葉直接使用，不需刻意修剪。水量不要蓋到莖葉長出的地方。每天換水最為理想，若做不到，至少也要每隔2天換水一次，並清洗一下。

2 採收

約過2週，就會長出新的葉子且日漸長大。想吃就拿剪刀剪下葉子吧！當白蘿蔔頭不再光滑、發出臭味時，就表示收穫結束了。

MIYAZAKI MEMO

持續培育就會開出大朵的花！

只是浸泡在水裡，葉子就會一天一天長大。細心照料不讓它腐爛，就有可能開出大朵的花喔！一旦花開了，代表不久就能取籽了。再將種子種到土裡，等到下個季節便能採收白蘿蔔。

青蔥 珠蔥

邊培育照料 邊採收料理所需

青蔥、珠蔥是料理界的知名配角，是調味及增色時不可或缺的蔬菜。但通常一次要用的量並不多。也因為這樣，更加適合自家再生栽培，每回只需採收要用的分量就好了。

難易度
★☆☆☆

場所
廚房→陽台

栽種時期
整年

從種植到採收的期間
約1週

▼ 栽培方法

迷你托盤
杯子
盆器 小 中 大

1 浸水

蔥白從根部留下2～3cm的長度，浸泡到盛有水的杯子裡。水量約是蓋到一半的高度，吸水後會恢復活力。

2 準備容器和土壤

選用小型盆器，最下方鋪缽底石（輕石），倒入約九分滿的蔬菜用培養土。因選用的培養土裡已經混有肥料，所以不需再加基肥。

3 移植到土壤裡

先在土裡挖個洞，再把根部埋進土壤裡。植株之間須間隔5cm。盆栽最好放在日照充足的陽台，或是有陽光照射進來的室內也可以。

4 澆水

第一次澆的水量要很多，讓土壤全部都濕潤，所以水要不停地澆，直到從盆器底部流出來為止。當土壤表面變乾燥時，就表示需要再澆水。1個月過後再追肥就可以了。

5 採收

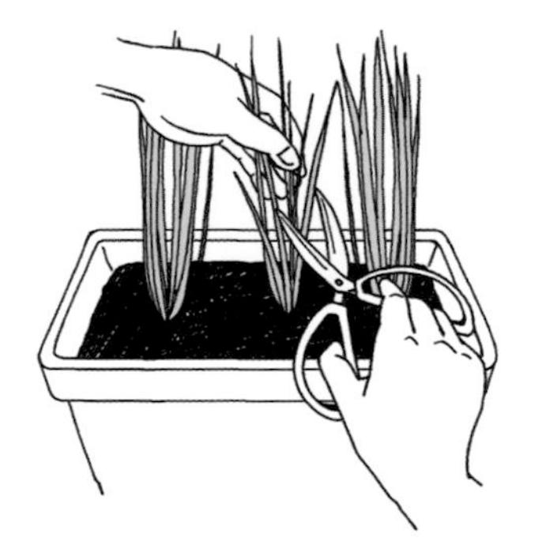

要食用時拿剪刀採收。因為是種在土壤裡，若生長狀態良好，能有2～3個月的採收期。適時摘除花、蕾，可減少營養的消耗，葉子便能持續生長。

MIYAZAKI MEMO

各式各樣的蔥

日本常用的蝦夷蔥又名細香蔥，外型呈細長管狀，與一般青蔥一樣都是日常料理中常用的辛香佐料。它們的種類不同，但培育方法一樣。珠蔥則是從紅蔥頭長出來的嫩莖，鮮嫩甘甜，有獨特香氣，在台灣十分常見。

芫荽（香菜）

難易度

★★★★

場所

廚房→陽台

栽種時期

春～秋

從種植到採收的期間

約2週

▼ 栽培方法

迷你托盤 | 杯子 | 盆器 小 中 大

在培育過程中享受獨特香氣

如果買到連根的芫荽，不要全部拿來做菜，留下一點根部讓它再生吧！培育過程中散發出的獨特香氣，對喜歡芫荽的人來說絕對是愛不釋手。雖然不易枯萎，但還是要注意冬天寒冷的氣候。

1 浸水

POINT

嫩芽的再生栽培成功率較高。長出新葉後，就可採收先前留下的嫩芽。

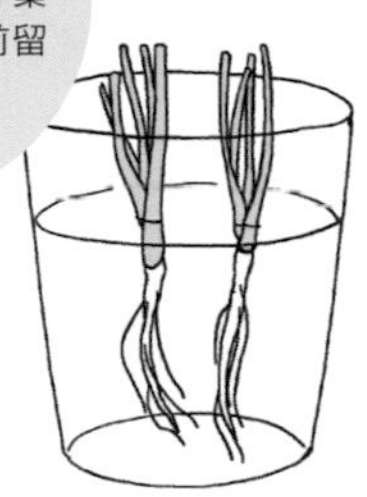

留下嫩芽不食用，連同根部浸泡到盛有水的杯子裡。水量大約蓋到莖的一半，不要蓋到葉子。吸水後會恢復活力。

2 準備容器和土壤

選用小型盆器，最下方鋪缽底石（輕石），倒入約九分滿的蔬菜用培養土。因選用的培養土裡已經混有肥料，所以不需再加基肥。

3 移植到土壤裡

也可省去浸水作業直接種到土壤裡。

先在土裡挖個洞，再把根部埋進土壤裡。植株之間須間隔10cm。盆栽最好放在日照充足的陽台。

4 澆水

第一次澆的水量要很多，讓土壤全部都濕潤，所以水要不停地澆，直到從盆器底部流出來為止。當土壤表面變乾燥時，就表示需要再澆水。1個月過後再追肥就可以了。

5 採收

要食用時拿剪刀採收。當因嚴寒而枯萎、又或是開了花使得新葉不再生長，就表示收穫結束了。

MIYAZAKI MEMO

跟芫荽相似的香草！

你聽過「刺芫荽」這種香草嗎？它也稱作刺芹。有著和芫荽相似的香氣，味道更濃郁，是中美洲巴拿馬的必備香菜，泰國越南料理中也會使用。在網路商店能買到它的種子或幼苗。

容易再生栽培
使用頻率也很高

不僅容易培育，料理時也經常使用到的萬能蔬菜！剪下來後也能不斷地生長。而且相當耐寒，要是根長得好就能活很久。即使在室內也能生長，不過，日照強的話更能長得又粗又壯。

難易度

場所

廚房→陽台

栽種時期

整年

從種植到採收的期間

約1週

▼ 栽培方法

迷你托盤

杯子

盆器

小 中 大

1 浸水

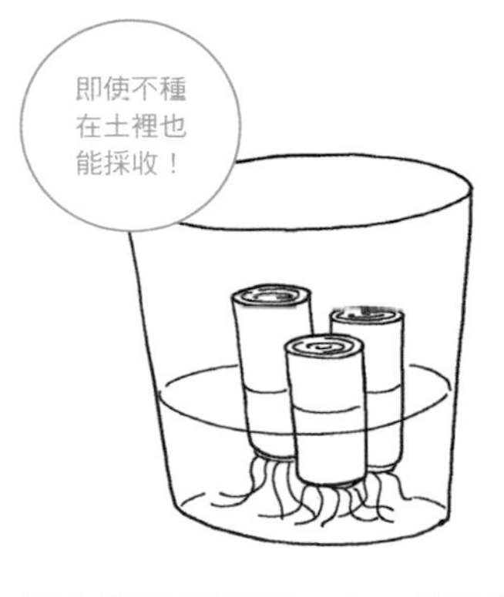

蔥白從根部留下2～3cm的長度，將它浸泡到盛有水的杯子裡，水量須蓋過根鬚。吸水後會恢復活力。

2 準備容器和土壤

選用小型盆器，最下方鋪缽底石（輕石），倒入約九分滿的蔬菜用培養土。因選用的培養土裡已經混有肥料，所以不需再加基肥。

3 移植到土壤裡

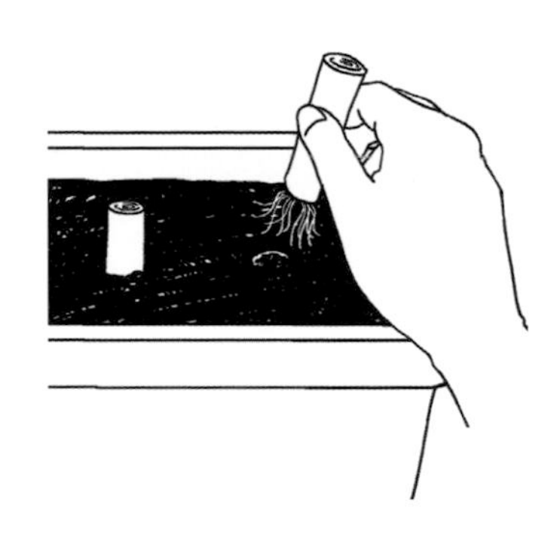

先在土裡挖個洞，再把根部埋進土壤裡。植株之間須間隔5cm，橫向並排可種植3株。盆栽最好放在日照充足的陽台。

4 澆水

第一次澆的水量要很多，讓土壤全部都濕潤，所以水要不停地澆，直到從盆器底部流出來為止。當土壤表面變乾燥時，就表示需要再澆水。1個月過後再追肥就可以了。

5 採收

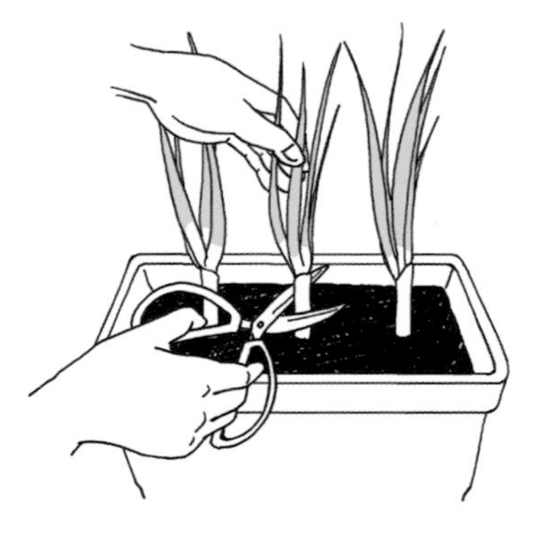

要食用時拿剪刀採收。因為是種在土壤裡，若生長狀態良好，能有2～3個月的採收期。當它枯萎、或開了花使得新葉不再生長，就表示收穫結束。

紫蘇

難易度

★★★★

場所

廚房→陽台

栽種時期

春～夏

從種植到採收的期間

約1個月

▼ 栽培方法

迷你托盤 | 杯子 | 盆器 小 中 大

除了葉子
花穗和果實都能吃

即使日照差也能培育得很好的紫蘇，是料理中增添清爽風味的要角。通常以食用葉子為主，但秋天長出的花穗和果實也能食用。如果不太清楚可以做成什麼樣的料理，特別推薦炸花穗、佃煮果實這兩道。

1 浸水

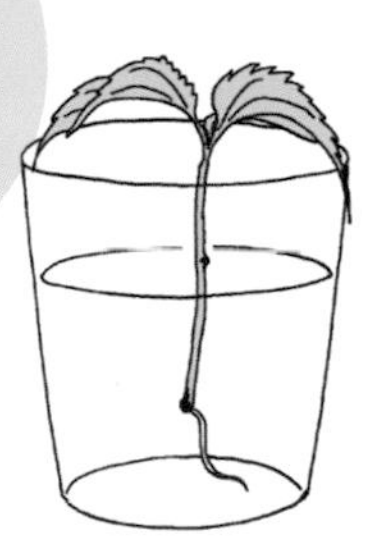

POINT

一般超市裡常看到的只有葉子的紫蘇是無法再生的。請到農產品銷售店等處購買帶有莖的紫蘇來挑戰！

將食用大葉片之後剩下的莖，浸泡到盛有水的杯子裡。水量蓋到莖的一半高度。約1週後根會從莖的地方長出來，直到根生長到5cm左右之前都以水耕栽培。需要每日換水並清洗。

2 準備容器和土壤

選用小型或中型盆器，最下方鋪缽底石（輕石），倒入約九分滿的蔬菜用培養土。因選用的培養土裡已經混有肥料，所以不需再加基肥。

3 移植到土壤裡

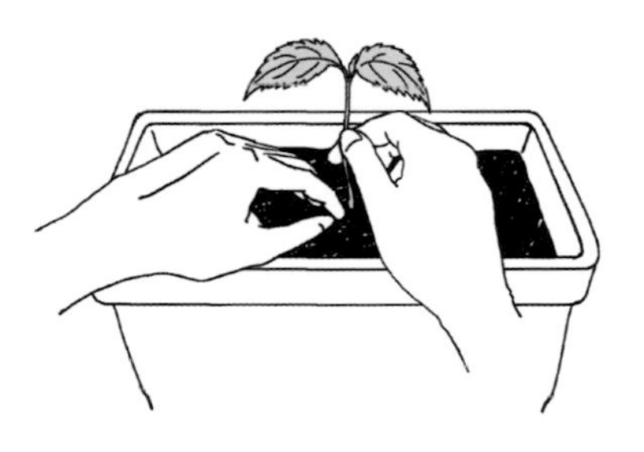

先在土裡挖個洞，再把根部埋進土壤裡。植株之間須間隔20cm，小盆器只能種1株，中盆器可種2株。盆栽最好放在日照充足的陽台。因不耐嚴寒，若遇到寒冷天氣要有抗寒準備。

4 澆水

第一次澆的水量要很多，讓土壤全部都濕潤，所以水要不停地澆，直到從盆器底部流出來為止。當土壤表面變乾燥時，就表示需要再澆水。1個月過後再追肥就可以了。

5 採收

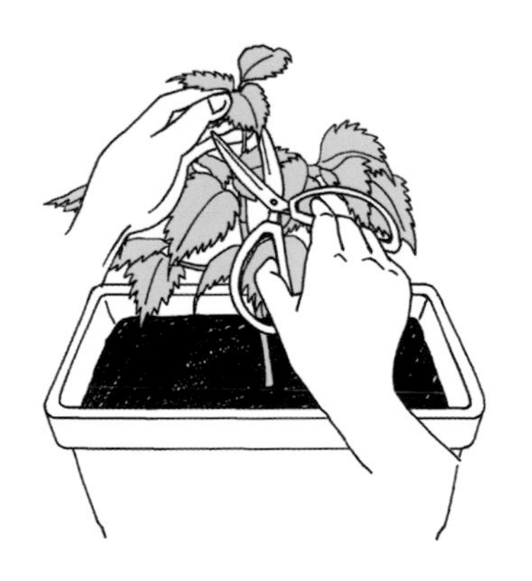

要食用時拿剪刀採收。因酷寒而枯萎、又或是開了花使得新葉不再生長，就表示收穫結束了。

MIYAZAKI MEMO

即使枯萎，隔年也能再生

培育紫蘇很有意思，它們會在隔季在同一個地方長出嫩芽來。這是因為種子會從裂開的果實掉到土壤裡冒芽的緣故。只要按部就班地栽培，到了夏天又能採收許多紫蘇。不用播種每年都會發芽，是不是很有趣呢！

鴨兒芹

無論是水耕或土耕
簡單就能培育

鴨兒芹通常以水耕栽培居多，市面上可以看到連根或是附海綿一起販售的形態。若想要體驗水耕的樂趣，就不需要移植到土壤裡；但若是想要長時間培育、採收，就需移植到土壤裡。

難易度

★★★★

場所

廚房→陽台

栽種時期

整年

從種植到採收的期間

約2週

▼ 栽培方法

迷你托盤

杯子

盆器

小 中 大

1 浸水

靠近根部處留下2～3cm的長度，將它浸泡到盛有水的杯子裡。水量要蓋過根。吸水後會恢復活力。最好留下小片葉子，會比較容易培育長大。

2 準備容器和土壤

選用小型盆器，最下方鋪缽底石（輕石），倒入約九分滿的蔬菜用培養土。因選用的培養土裡已經混有肥料，所以不需再加基肥。

3 移植到土壤裡

先在土裡挖個洞，再把根部埋進土壤裡。植株之間須間隔10cm。盆栽最好放在日照充足的陽台。

4 澆水

第一次澆的水量要很多，讓土壤全部都濕潤，所以水要不停地澆，直到從盆器底部流出來為止。當土壤表面變乾燥時，就表示需要再澆水。1個月過後再追肥就可以了。

5 採收

要食用時拿剪刀採收。因酷寒而枯萎、又或是開了花導致新葉不再生長時，就表示收穫結束了。

MIYAZAKI MEMO

冬天就移到室內培育吧！

鴨兒芹不耐寒，一旦氣溫過低就會枯萎。因此，最好是避開酷寒時節栽培。若無論如何都想在這時期開始栽培的話，就請在有空調的室內進行吧！在室內同樣要將它擺在窗邊等日照佳的地方。

西洋菜

帶有辛辣的味道 適合做沙拉、湯品

由於西洋菜是水生植物，單純的水耕栽培就能長得很好。若要土耕，就要注意不能缺水。它本身帶有些許辛辣的味道，做成沙拉或是湯品都很美味。

難易度

★★★★

場所

廚房→陽台

栽種時期

夏季

從種植到採收的期間

約1個月

▼ 栽培方法

迷你托盤

杯子

盆器
小 中 大

1 浸水

整把買回來後，留下幾株不食用浸泡到水裡。水量約是蓋到莖的一半。2～3天後根就會從莖的地方長出來，直到根生長到5cm左右之前都以水耕栽培，需要每天換水並清洗。

2 準備容器和土壤

選用小型盆器，最下方鋪缽底石（輕石），倒入約九分滿的蔬菜用培養土。因選用的培養土裡已經混有肥料，所以不需再加基肥。

3 移植到土壤裡

先在土裡挖個洞，再把根部埋進土壤裡。植株之間須間隔10cm。盆栽即使放在日照不太好的地方也沒關係。

4 澆水

第一次澆的水量要很多，讓土壤全部都濕潤，所以水要不停地澆，直到從盆器底部流出來為止。當土壤表面變乾燥時，就表示需要再澆水。1個月過後再追肥就可以了。

5 採收

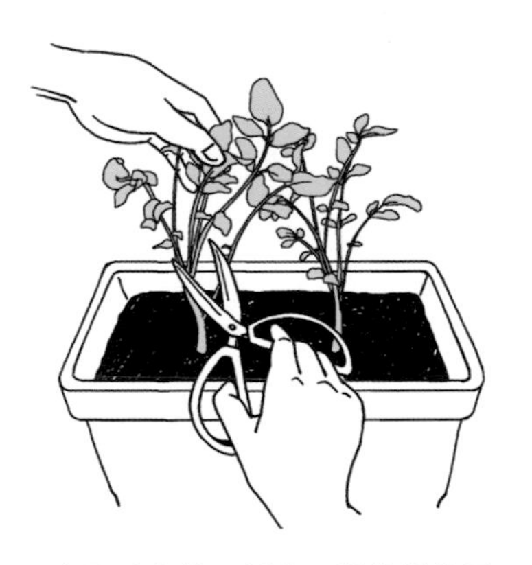

要食用時拿剪刀採收。即使採收了一次，也會陸續長出新葉來。但一旦開花、葉子變硬，就表示收穫結束了。

MIYAZAKI MEMO

生命力超強的代表

西洋菜是生命力強且容易生根的蔬菜，應該算是本書介紹的所有蔬菜中的第一名。光浸泡在水裡，馬上就能長出根來，且一天比一天茁壯。生性愛水，請多給它們一些水喔！

空心菜

難易度

★★★★

場所

廚房→陽台

栽種時期

整年

從種植到採收的期間

約1個月

為身體補充活力的夏季健康蔬菜

原產於東南亞，營養價值高，在快炒店中經常和蒜頭一起炒。特徵是在氣溫高的夏季長得特別快。不過它愛水、怕乾燥，請注意不要讓它缺水囉！

▼ 栽培方法

迷你托盤 | 杯子 | 盆器（小 / 中 / 大）

1 浸水

整把買回來後，留下幾株不食用浸泡到水裡。水量不要蓋到葉子即可。約1週後，根就會從莖的地方長出來，直到根生長到5cm左右之前都以水耕栽培。需要每天換水並清洗。

2 準備容器和土壤

POINT

空心菜成長時，葉子會往左右兩旁生長，因此建議使用長型盆器。若只是1、2株，小型盆器就可以了。

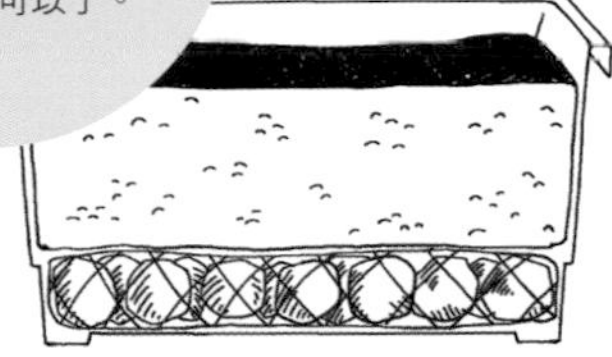

選用小型或中型盆器，最下方鋪缽底石（輕石），倒入約九分滿的蔬菜用培養土。因選用的培養土裡已經混有肥料，所以不需再加基肥。

3 移植到土壤裡

先在土裡挖個洞，再把根部埋進土壤裡。植株之間須間隔10cm。盆栽最好放在日照充足的陽台。冬天時需移到室內。

4 澆水

第一次澆的水量要很多，讓土壤全部都濕潤，所以水要不停地澆，直到從盆器底部流出來為止。當土壤表面變乾燥時，就表示需要再澆水。1個月過後再追肥就可以了。

5 採收

等根部確實生長並且長出新葉後，就能從頂端開始採收。若不直接拔取，採收後仍會持續長出側芽。若因酷寒而枯萎、又或是開了花使得新葉不再生長，就表示收穫結束了。

MIYAZAKI MEMO

海外的農業指導與推廣

我曾經以青年海外協力隊的農業隊員身分前往中美洲教導農業。那時，我們在貧窮的農村教導當地人種植空心菜，並配發適合家庭菜園的種苗給非居住在都市的人們，透過各種形式的活動推廣蔬菜。

埃及國王菜

難易度

★★★★

場所

廚房→陽台

栽種時期

整年

從種植到採收的期間

約1個月

▼ 栽培方法

迷你托盤 | 杯子 | 盆器 小 中 大

具有滑溜黏稠的獨特口感

又稱「黃麻菜」。靠近根部的莖是硬硬的纖維質，我們主要食用的是葉片，汆燙後口感咕溜咕溜的。它的莢、種子、老化的枝葉都有毒，處理上要多加留意；採收結束要丟棄時必須有完善的處理方式。

1 浸水

留下莖與其上方的新葉不要食用，浸泡到水裡。水量不要蓋到葉子即可。約1週後，根就會從莖的地方長出來，直到根生長到5cm左右之前都以水耕栽培。需要每天換水及清洗。

2 準備容器和土壤

選用小型或中型盆器，最下方鋪缽底石（輕石），倒入約九分滿的蔬菜用培養土。因選用的培養土裡已經混有肥料，所以不需再加基肥。

3 移植到土壤裡

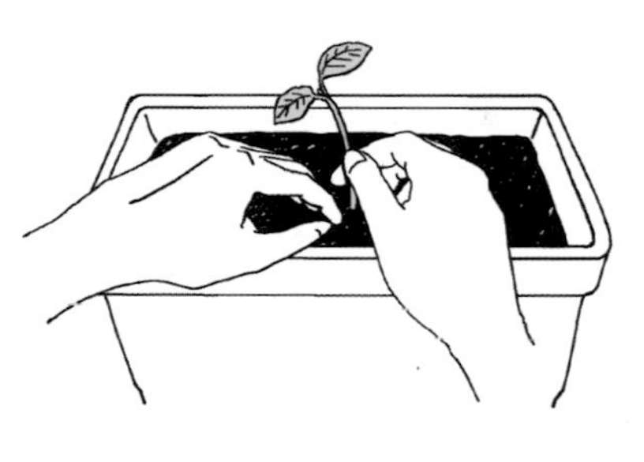

先在土裡挖個洞，再把根部埋進土壤裡。植株之間須間隔20cm，小盆器種1株就好，中盆器可種2株。盆栽最好放在日照充足的陽台。

4 澆水

第一次澆的水量要很多，讓土壤全部都濕潤，所以水要不停地澆，直到從盆器底部流出來為止。當土壤表面變乾燥時，就表示需要再澆水。1個月過後再追肥就可以了。

5 採收

等根部確實生長並長出新葉後，就能從頂端開始採收。若不直接拔取，採收後仍會持續長出側芽。若因酷寒而枯萎、又或是開了花使得新葉不再生長，就表示收穫結束了。

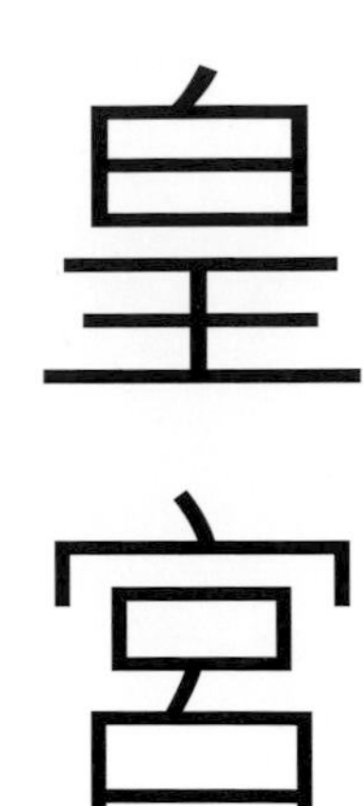

難易度

★★★★

場所

廚房→陽台

栽種時期

初夏

從種植到採收的期間

約1個月

▼ 栽培方法

迷你托盤 | 杯子 | 盆器 小 中 大

可食用部分多
營養價值高的蔬菜

正式名稱為「落葵」。富含維生素、礦物質、膳食纖維等營養素。氣溫上升時，莖蔓生長繁茂，夏季盛產。它和埃及國王菜一樣，料理後會有咕溜的黏稠口感。除了莖與葉，花也能食用。

1 浸水

靠近根部處留下3cm的長度，浸泡到水杯裡。水量要蓋過1～2cm。直到葉、根長出來之前都以水耕栽培。需要每天換水及清洗。

2 準備容器和土壤

選用小型盆器，最下方鋪缽底石（輕石），倒入約九分滿的蔬菜用培養土。因選用的培養土裡已經混有肥料，所以不需再加基肥。

3 移植到土壤裡

先在土裡挖個洞，再把根部埋進土壤裡。植株之間須間隔20cm，小盆器只能種1株。盆栽最好放在日照充足的陽台。

4 澆水

第一次澆的水量要很多，讓土壤全部都濕潤，所以水要不停地澆，直到從盆器底部流出來為止。當土壤表面變乾燥時，就表示需要再澆水。1個月過後再追肥就可以了。

5 採收

POINT

皇宮菜屬藤蔓植物。最好能立支柱培育，但它結的果實並不大，因此利用其他蔬菜的支柱或是陽台本身的欄杆讓它的藤蔓攀爬也可以。

莖部用剪刀剪，葉子用手一片一片摘，陸續採收長出來的莖跟葉吧！若因酷寒而枯萎、又或是開了花使得新葉不再生長，就表示收穫結束了。

MIYAZAKI MEMO

夏季的三大葉菜類蔬菜

在夏季連續悶熱的日子裡，葉菜類蔬菜通常都不容易生長，但也有耐熱、在夏天反而長得很好的種類，那就是空心菜、埃及國王菜和皇宮菜，堪稱「夏季的三大葉菜類蔬菜」。當天氣變熱，它們的採收才正要上場。

春菊（山茼蒿）

難易度

★★★★

場所

廚房→陽台

栽種時期

整年

從種植到採收的期間

約1個月

▼ 栽培方法

迷你托盤 | 杯子 | 盆器 小 中 大

火鍋少不了它 秋冬的經典代表菜

進入秋冬後產量迅速增加的春菊，是熱騰騰火鍋中不可或缺的食材。剛開始栽培時沒有根也沒關係，先吸收一點水分後再移植到土壤裡就會長出新葉。在根長出來之前能好好培育的話，日後的收穫量就會增多。

1 浸水

POINT

有莖就可以再生栽培，但培育不好也是會枯萎的。約留下3片葉子，成功機率會大大提升。

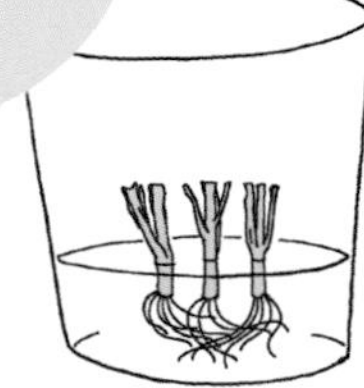

留下靠近根部的莖和幾片葉子不要食用，將它浸泡到盛有水的杯子裡。水量要蓋過1～2cm的莖。吸水後會恢復活力。

2 準備容器和土壤

選用小型盆器，最下方鋪缽底石（輕石），倒入約九分滿的蔬菜用培養土。因選用的培養土裡已經混有肥料，所以不需再加基肥。

3 移植到土壤裡

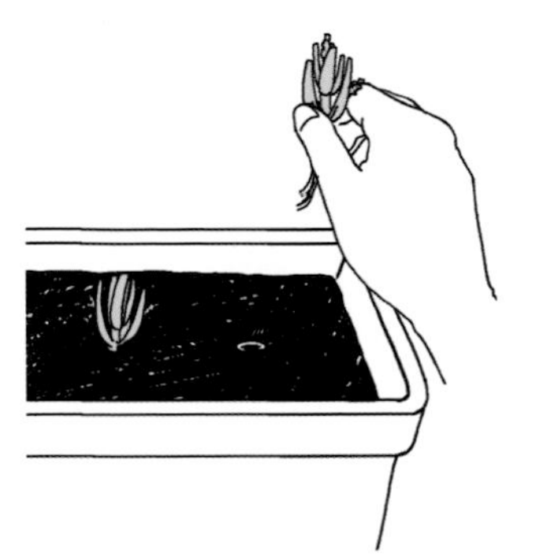

先在土裡挖個洞，再把長到5cm高的根部埋進土裡，能自己挺立就OK。植株之間須間隔5cm。盆栽最好放在日照充足的陽台。約1個月左右就會長出根了。

4 澆水

第一次澆的水量要很多，讓土壤全部都濕潤，所以水要不停地澆，直到從盆器底部流出來為止。當土壤表面變乾燥時，就表示需要再澆水。1個月過後再追肥就可以了。

5 採收

根確實生長、新葉也成長茁壯後，就可以重複採收從側芽長大的葉子。開花後葉片變硬，就表示收穫結束了。

MIYAZAKI MEMO

保留葉片就可重複採收多次

春菊是從莖分歧生長，採收時留下下方葉片不摘，就會從切口處再長出新芽。只要重複這個動作，一定可以採收很多次。但如果連下方的葉片也摘掉，就不會再生長了。每次採收都務必留下2、3片，才能持續收穫喔。

小松菜

難易度

★★★★

場所

廚房→陽台

栽種時期

整年

從種植到採收的期間

約1個月

▼ 栽培方法

迷你托盤 | 杯子 | 盆器 小 中 大

沒有特殊味道
怎麼烹調都美味

小松菜的烹調方式千變萬化，可以清炒、煮湯、汆燙、涼拌等等，即使採摘很多，也無需擔心吃不完。只要將平常會丟掉的根部浸泡到水裡，等到根確實生長出來後，就能移植到土壤裡繼續培育長大。

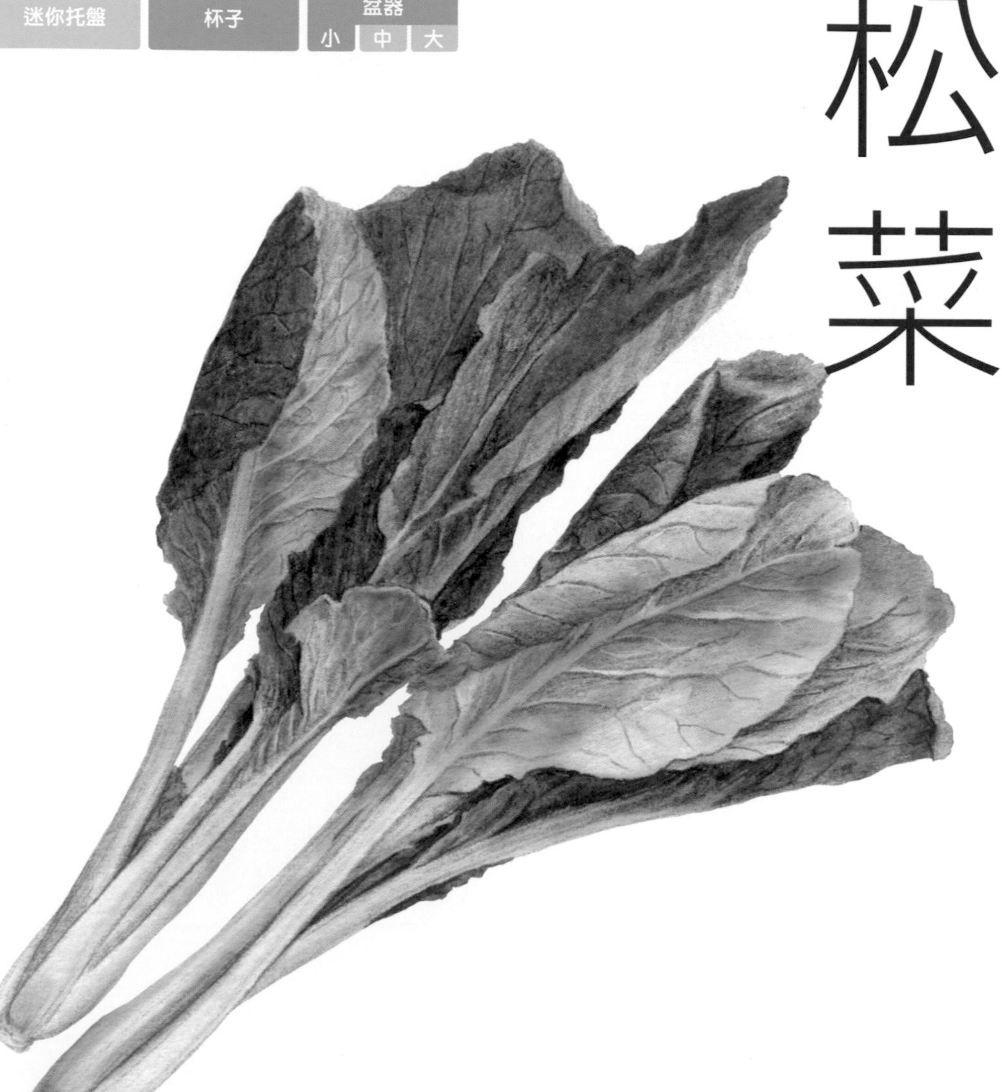

1 浸水

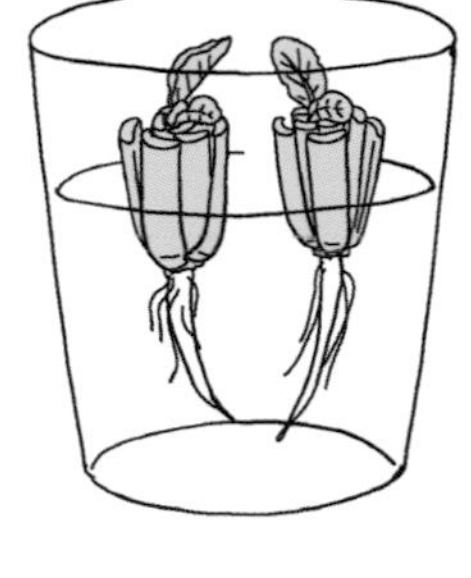

根部留下3cm的長度，浸泡到盛有水的杯子裡。水量要蓋過1～2cm的根部。直到葉、根長出來之前都以水耕栽培。需要每天換水，並加以清洗。

2 準備容器和土壤

選用小型盆器，最下方鋪缽底石（輕石），倒入約九分滿的蔬菜用培養土。因選用的培養土裡已經混有肥料，所以不需再加基肥。

3 移植到土壤裡

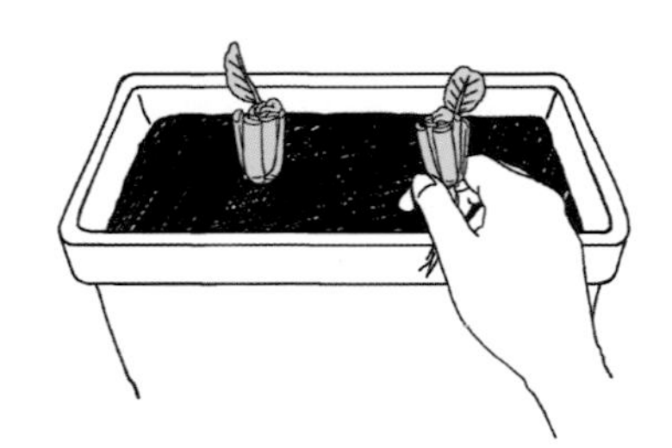

先在土裡挖個洞，再把根部埋進土壤裡。植株之間須間隔10cm。盆栽最好放在日照充足的陽台。

4 澆水

第一次澆的水量要很多，讓土壤全部都濕潤，所以水要不停地澆，直到從盆器底部流出來為止。當土壤表面變乾燥時，就表示需要再澆水。1個月過後再追肥就可以了。

5 採收

長到比超市販售的小一點就可以採收了。用剪刀從根部整株剪下。

MIYAZAKI MEMO

根長出來前是成敗關鍵

同樣是葉菜類蔬菜，培育小松菜的難易度比西洋菜、空心菜、埃及國王菜還要高。之所以難培育，是因為即便都是浸泡在水中，根就是會長不出來而腐爛。不過，只要根長出來了就能順利培育下去，請儘量避開酷暑時節、勤換水，成功率會大增。

青江菜

難易度

★★★★

場所

廚房→陽台

栽種時期

整年

從種植到採收的期間

約1個月

▼ 栽培方法

迷你托盤　杯子　盆器 小 中 大

從根部再生！家常菜中的經典

又名「湯匙菜」，有肥厚的梗，口感清脆，可用來炒菜、加入湯裡，或汆燙後當作擺盤的配菜。大小略比小松菜小一點，培育的難易度幾乎和小松菜一樣。就從平常不吃會丟掉的根部開始再生吧！

1 浸水

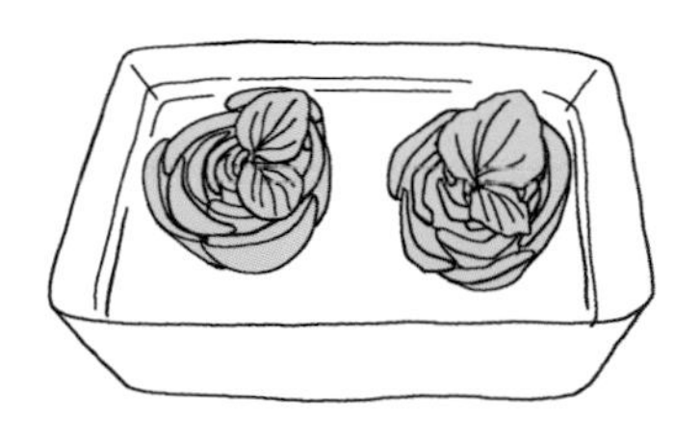

根部留下3cm的長度，浸泡到盛有水的托盤裡。水量要蓋過1～2cm的根部。直到葉、根長出來之前都以水耕栽培。需要每天換水，並加以清洗。

2 準備容器和土壤

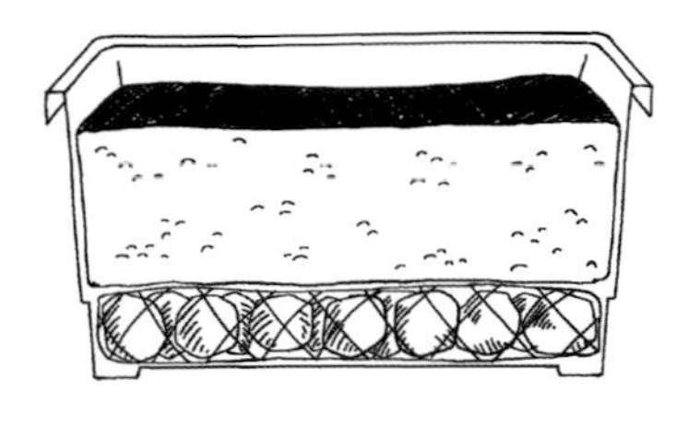

選用小型盆器，最下方鋪缽底石（輕石），倒入約九分滿的蔬菜用培養土。因選用的培養土裡已經混有肥料，所以不需再加基肥。

3 移植到土壤裡

先在土裡挖個洞，再把根部埋進土壤裡。植株之間須間隔10cm。盆栽最好放在日照充足的陽台。

4 澆水

第一次澆的水量要很多，讓土壤全部都濕潤，所以水要不停地澆，直到從盆器底部流出來為止。當土壤表面變乾燥時，就表示需要再澆水。1個月過後再追肥就可以了。

5 採收

長到比超市販售的小一點就可以採收了。用剪刀從根部整株剪下。

水菜

即使是嚴寒的冬季也長得很快

相當耐寒，即使在冬天也能培育得很好。從長得健壯的葉子開始陸續採收吧！水菜跟小松菜、青江菜比起來，是往上生長而不是橫向生長，因此，一個小型盆器就能種很多株。

難易度

★★☆☆

場所

廚房→陽台

栽種時期

整年

從種植到採收的期間

約1個月

▼ 栽培方法

迷你托盤

杯子

盆器
小 中 大

1 浸水

根部留下3cm的長度，浸泡到盛有水的杯子裡。水量要蓋過1～2cm的根部。直到葉、根長出來之前都以水耕栽培。需要每天換水，並加以清洗。

2 準備容器和土壤

選用小型盆器，最下方鋪缽底石，倒入約九分滿的蔬菜用培養土。因選用的培養土裡已經混有肥料，所以不需再加基肥。

3 移植到土壤裡

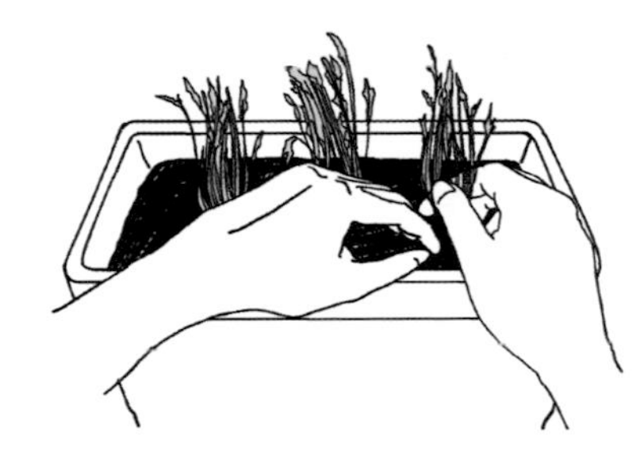

先在土裡挖個洞，再把根部埋進土壤裡。植株之間須間隔5cm。盆栽最好放在日照充足的陽台。

4 澆水

第一次澆的水量要很多，讓土壤全部都濕潤，所以水要不停地澆，直到從盆器底部流出來為止。當土壤表面變乾燥時，就表示需要再澆水。1個月過後再追肥就可以了。

5 採收

從成長茁壯的葉子開始採收。用剪刀從根部整株剪下。開花後葉片變硬，就表示收穫結束了。

MIYAZAKI MEMO

很快就會開花！

幾乎所有的葉菜類蔬菜一開花，就代表採收期要結束了。而水菜的開花速度更是迅速，因此，無法享受到長時間採收的樂趣，請趁著葉子長大且還吃不膩的時候儘早採收吧！

紅葉萵苣 橡葉萵苣

難易度

★★★★

場所

廚房→陽台

栽種時期

整年

從種植到採收的期間

約1個月

▼ 栽培方法

迷你托盤 | 杯子 | 盆器 小 中 大

根長得越多 成功率就越高

紅葉萵苣是橡葉萵苣的一種，特徵是葉片前端呈紫色。這兩種原本就是以水耕栽培而成，再生方式也相同，會從芯的地方長出根。買到的萵苣的根部如果附有海綿，可一同浸泡到水裡。

1 浸水

把食用完葉子後中間剩下的芯直接浸泡在水裡。水量要蓋過根。吸水後會恢復活力。

2 準備容器和土壤

選用小型盆器，最下方鋪缽底石（輕石），倒入約九分滿的蔬菜用培養土。因選用的培養土裡已經混有肥料，所以不需再加基肥。

3 移植到土壤裡

先在土裡挖個洞，再把根部埋進土壤裡。植株之間須間隔20cm，小型盆器種1株就好。盆栽最好放在日照充足的陽台。

4 澆水

第一次澆的水量要很多，讓土壤全部都濕潤，所以水要不停地澆，直到從盆器底部流出來為止。當土壤表面變乾燥時，就表示需要再澆水。1個月過後再追肥就可以了。

5 採收

靠近根部的部分用剪刀剪，葉子則用手一片一片摘，陸陸續續採收培育出來的菜葉吧！枯萎或是開了花使得新葉不再生長時，就表示收穫結束了。

MIYAZAKI MEMO

延長採收樂趣的方法

培育像是橡葉萵苣這種會從軸芯不斷長出新葉的蔬菜時，若想要延長採收樂趣，重點在於要從外側葉片開始採收。只要留下製造新葉的中心部分，就能持續長出新葉、反覆採收。

菠菜

含有豐富營養素 怎麼煮都好吃

菠菜除了清炒、汆燙，有的種類像是甜菠菜直接生吃也很美味。營養價值高，可運用在多種料理上，是人氣相當高的蔬菜。建議儘量留下粗又長的根來培育，再生會更容易。

難易度	★★☆☆
場所	廚房→陽台
栽種時期	整年
從種植到採收的期間	約1個月

▼ 栽培方法

- 迷你托盤
- 杯子
- 盆器 小｜中｜大

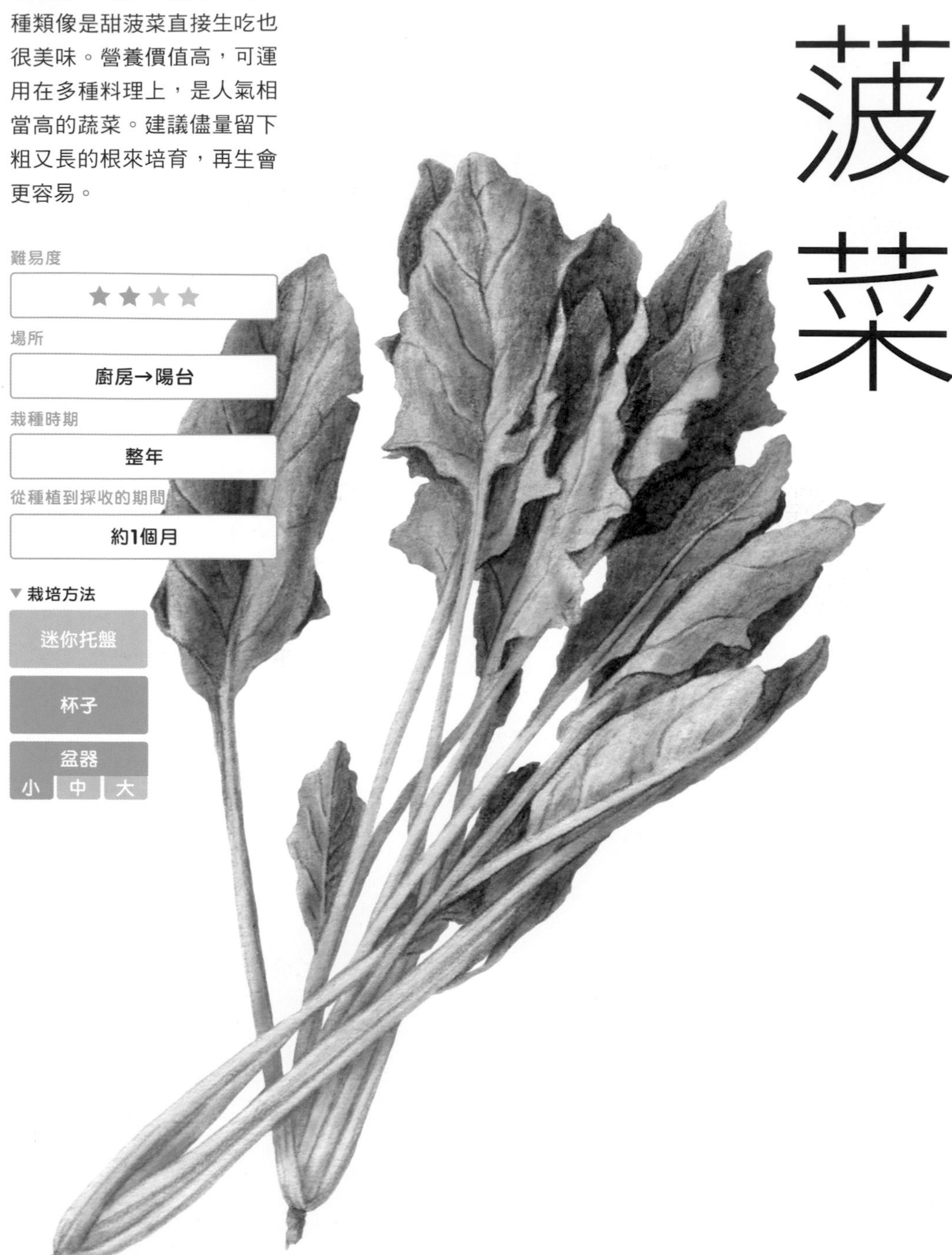

1 浸水

根部留下2～3cm的長度，浸泡到盛有水的杯子裡。水量要蓋過根。直到葉片長出來之前都以水耕栽培。需要每天換水，加以清洗。

2 準備容器和土壤

選用小型盆器，最下方鋪缽底石（輕石），倒入約九分滿的蔬菜用培養土。因選用的培養土裡已經混有肥料，所以不需再加基肥。

3 移植到土壤裡

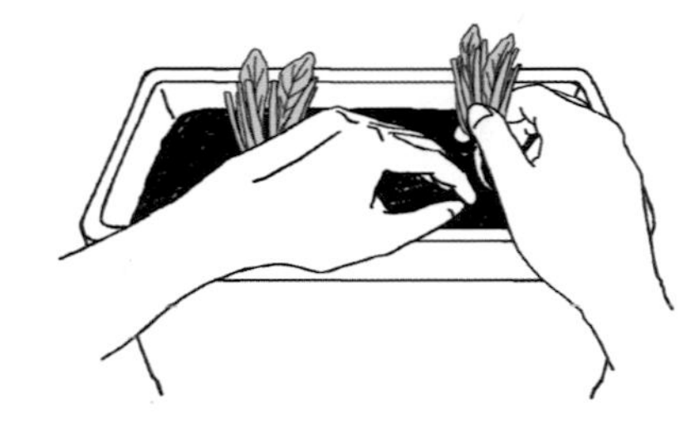

先在土裡挖個洞，再把根部埋進土壤裡。植株之間須間隔10cm。盆栽最好放在日照充足的陽台。

4 澆水

第一次澆的水量要很多，讓土壤全部都濕潤，所以水要不停地澆，直到從盆器底部流出來為止。當土壤表面變乾燥時，就表示需要再澆水。1個月過後再追肥就可以了。

5 採收

長到比超市販售的略小一點即可採收。用剪刀從根部整株剪下。

MIYAZAKI MEMO

其實，菠菜根又甜又好吃！

你吃過紅紅的菠菜根嗎？我想應該很多人都不吃就直接丟掉吧，其實，它有著蔬菜的甜味，非常好吃，而且，還含有豐富的錳等營養素。請各位一定要品嚐一次看看！

綠花椰菜

難易度

★★★★

場所

廚房→陽台

栽種時期

夏～秋

從種植到採收的期間

約3個月

▼ 栽培方法

迷你托盤 | 杯子 | 盆器 小 中 大

再生栽培當中難度最高的蔬菜

軸芯的部分若沒有芽就無法再生，再加上直到能採收前，必須花很長的時間把芽健康地培育長大、長出花蕾，因此頗有難度。由於無法在夏天採收，也請留意開始培育的時期。

1 浸水

留下軸芯的部分，浸泡在水中。水量要蓋過1～2cm的軸芯。直到根、葉長出來之前都以水耕栽培。需要每天換水，並加以清洗。

2 準備容器和土壤

選用中型或大型盆器，最下方鋪缽底石（輕石），倒入約九分滿的蔬菜用培養土。因選用的培養土裡已經混有肥料，所以不需再加基肥。

3 移植到土壤裡

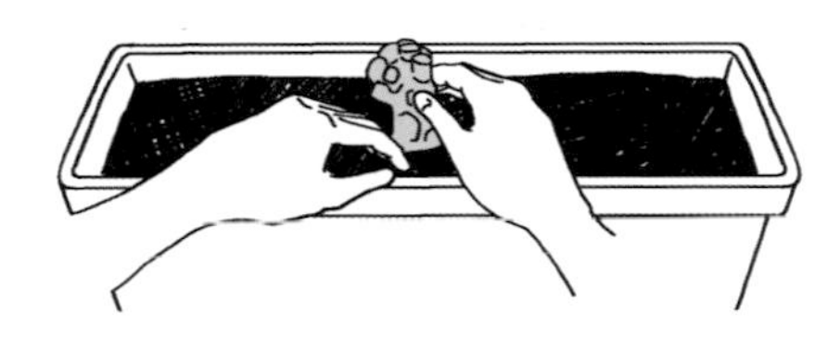

先在土裡挖個洞，再把根部埋進土壤裡。植株之間須間隔40cm，中型盆器種1株，大型盆器可種2株。盆栽最好放在日照充足的陽台。

4 澆水

第一次澆的水量要很多，讓土壤全部都濕潤，所以水要不停地澆，直到從盆器底部流出來為止。當土壤表面變乾燥時，就表示需要再澆水。1個月過後再追肥就可以了。

5 採收

隨著葉片逐漸長大，軸芯也會長出花蕾，日後這花蕾就會長成跟超市販售的一樣的綠花椰菜。想食用時，就從花蕾根部切下取用。

MIYAZAKI MEMO

購入種苗培育較為簡單

再生栽培綠花椰菜很難，但若是從種苗開始培育就容易多了。如果是園藝新手又想嘗試看看的人，不妨考慮從種苗開始吧！

高麗菜

難易度

★★★★

場所

廚房→陽台

栽種時期

夏、冬

從種植到採收的期間

約半年

▼栽培方法

迷你托盤 | 杯子 | 盆器（小 | 中 | 大）

葉子再生容易 但結球難

再生栽培高麗菜最難的一環是「結球」。所謂結球，是指葉片結成球狀，模樣就像超市販售的高麗菜那樣。不過，若只是要食用菜葉，那麼浸泡菜葉就能採收了。

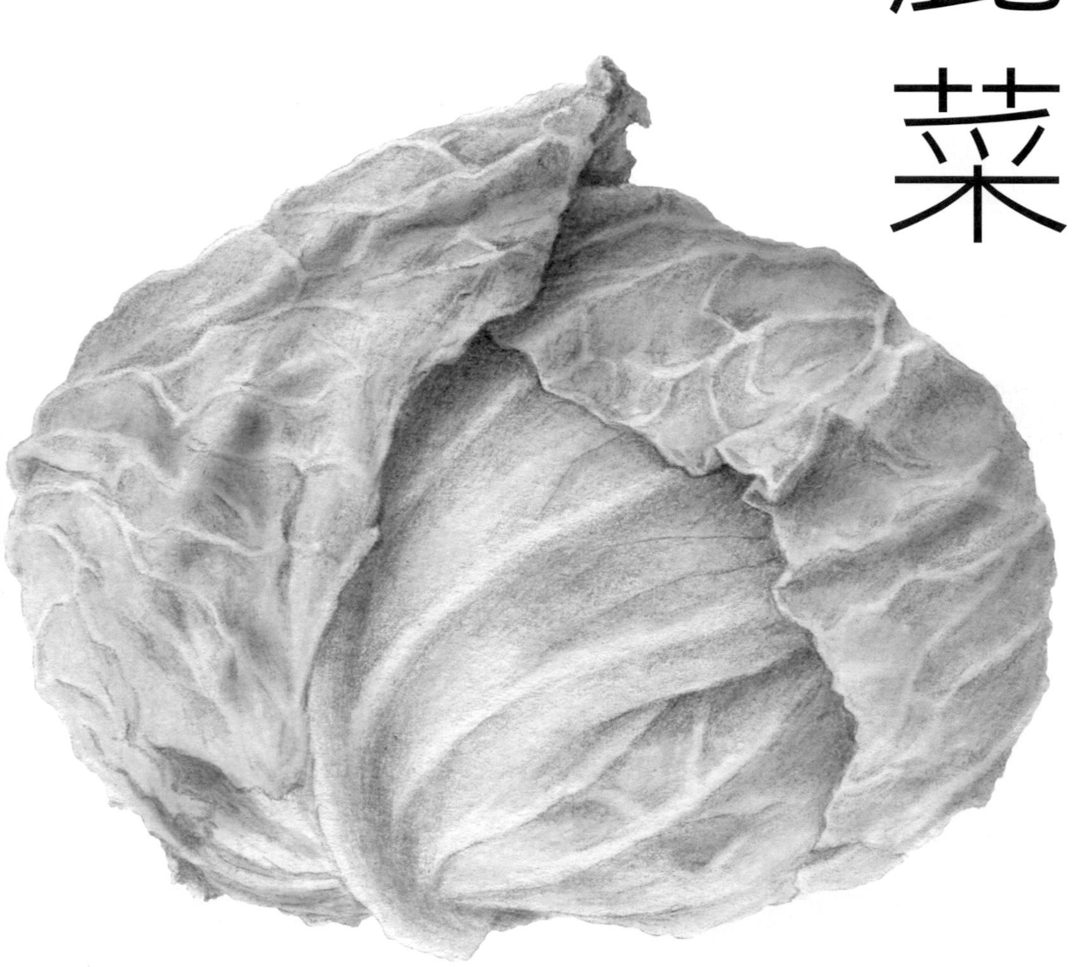

1 浸水

切下中間的芯，將它浸泡到水裡。水量要蓋過1～2cm的芯。吸水後會恢復活力。

2 準備容器和土壤

選用中型盆器，最下方鋪缽底石（輕石），倒入約九分滿的蔬菜用培養土。因選用的培養土裡已經混有肥料，所以不需再加基肥。

3 移植到土壤裡

先在土裡挖個洞，再把芯的底部埋進土壤裡，能夠自己挺立的話就OK。中型盆器只能種植1株。盆栽最好放在日照充足的陽台。

4 澆水

第一次澆的水量要很多，讓土壤全部都濕潤，所以水要不停地澆，直到從盆器底部流出來為止。當土壤表面變乾燥時，就表示需要再澆水。1個月過後再追肥就可以了。

5 採收

葉片會從中心的地方開始向外層生長，當中心結成小小的球狀就可以採收了。不過，要讓它結球的難度頗高，僅採收長大的菜葉來食用則簡單許多。

MIYAZAKI MEMO

結球的重點是光與溫度管理

為了結球需要有充足的日照，才能種出頭好壯壯的葉片。請記得它需要生長在日照充足的場所。建議開始再生栽培的時期選在夏末和冬末。秋天、春天就是種植種苗的最佳季節。

實用小幫手
COLUMN
2

不使用容器的環保種菜！

袋子栽培

成本、人力都節省

所謂袋子栽培，就是直接將種苗種入袋裝販售的培養土中的方法。這方法在世界各國的家庭菜園、專業農園皆會採用，特色是需準備的工具少又簡單，蔬菜也能生長得很好。

準備物品（迷你番茄）

- 支柱
- 培養土
- 刀片
- 迷你番茄苗

製作苗株的方法參照P78

STEP1
準備培養土

只要是含有基肥的蔬菜專用培養土都行。雖然說土量越多越容易培育，但要是陽台較窄，5公升的培養土就足夠了。

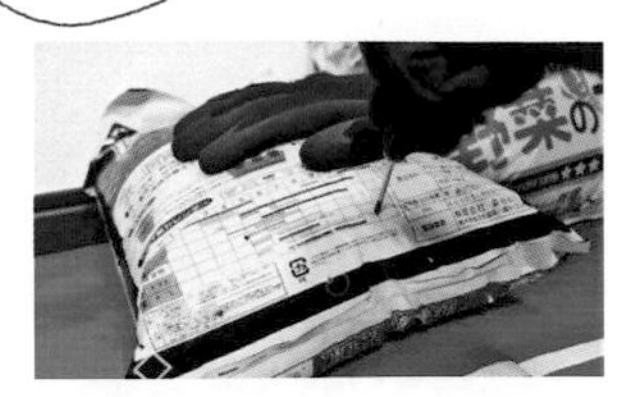

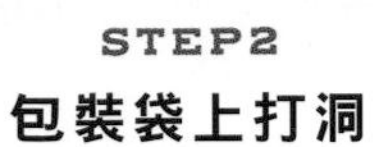

STEP2
包裝袋上打洞

在袋子底部打洞，左右兩面各打兩排，每排約20個洞孔。並且在袋子的上方切開可種入苗株的大小。

STEP3
種植苗株

先在土裡挖個能放入苗盆大小的洞，再將苗株連苗盆一起種進去。澆入大量的水，直到水從袋子底部流出為止。插入支柱，固定苗株。接下來的培育方法就跟種在盆栽一樣。

除了迷你番茄，任何蔬菜都可種喔！

只要是本書介紹的蔬菜都沒問題。用的是可丟棄的土的話，採收結束後便能當作可燃垃圾處理，更能節省不少人力。若是擔心袋子的耐久性，可做個防護避免日光直射造成袋子劣化，這麼一來就放心了。

觀看影片

第4章

果實類蔬菜

本章介紹從蔬菜中自行取籽培育的方法。
發芽了嗎？葉子長得好嗎？
會開花嗎？能結果嗎？
利用種子再生的過程也充滿樂趣，
絕對值得你親手栽培看看。

小番茄

難易度

★★★★

場所

室內（窗邊）→陽台

栽種時期

春季

從種植到採收的期間

約3個月

▼ 栽培方法

迷你托盤	杯子	盆器（小／中／大）

失敗率低！能獲得滿滿充實感

雖然在製作苗株上有點難度，但只要確保日照充足就能培育得很好，不會失敗。之後確實摘除側芽、進行授粉，便能享受豐收的成就感。

1 取籽

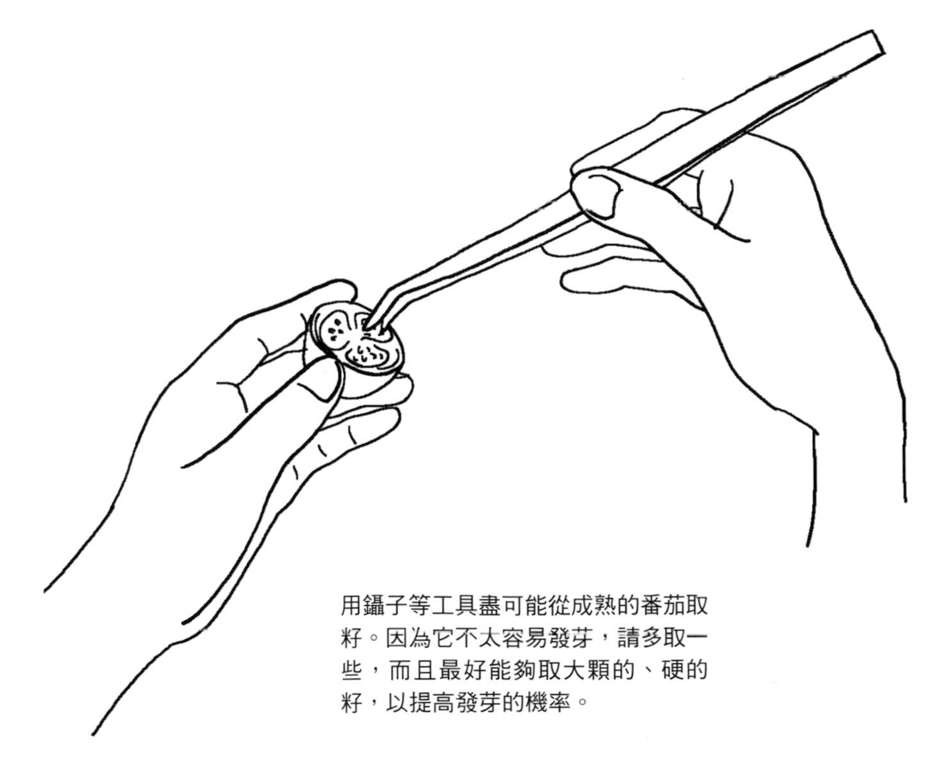

用鑷子等工具盡可能從成熟的番茄取籽。因為它不太容易發芽，請多取一些，而且最好能夠取大顆的、硬的籽，以提高發芽的機率。

2 準備苗盆

利用鑽子等尖頭的工具，在塑膠杯底部鑽10個左右的排水孔，作為培育苗株的苗盆。

3 播種

杯子裡倒入八分滿的培養土，放上步驟1取的籽，再覆蓋些許的土把籽埋起來。將它放在室內（窗邊）日照佳的地方，土壤表面乾了再澆水。直到開花之前都以此方式栽培。

4 準備容器和土壤

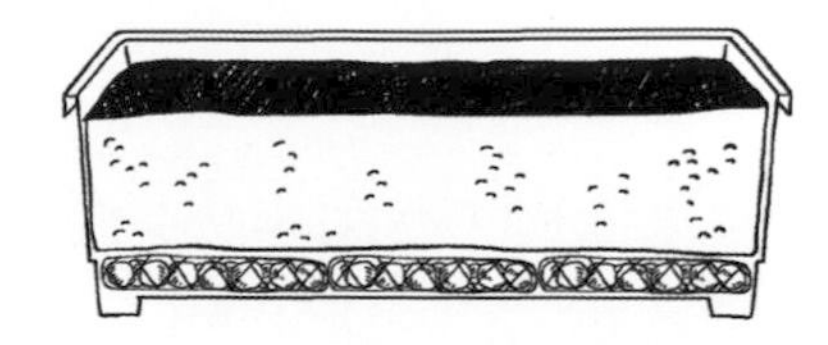

選用有深度的大型盆器，最下方鋪鉢底石（輕石），倒入約九分滿的蔬菜用培養土。因為選用的培養土裡已經混有肥料，所以不需再加基肥。

5 移植

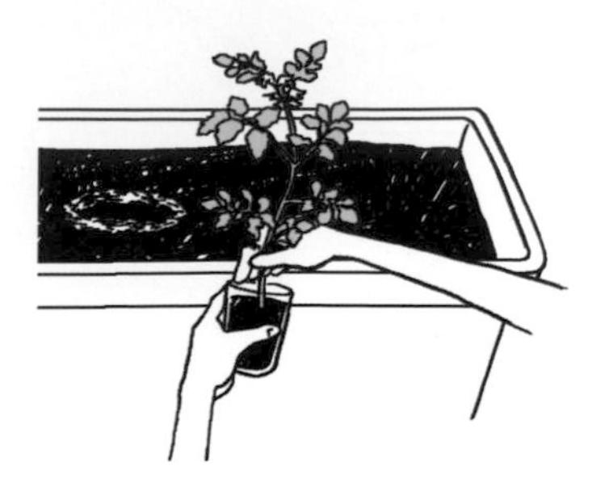

先在土裡挖個洞，再將開了花的苗株，連土一起從苗盆拿出來移植到盆器裡，並把苗株旁邊的土壤整平。植株之間須間隔40cm，大型盆器只適合種到2株。盆栽最好放在日照充足的陽台。

6 固定支柱

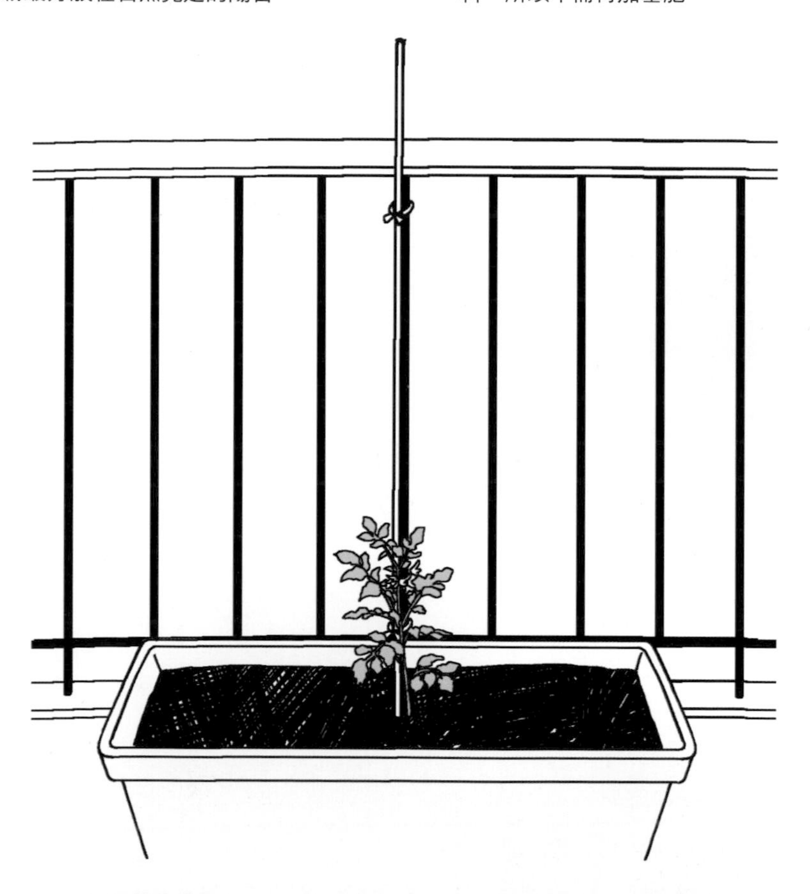

在距離苗株約1～2cm的地方立支柱。支柱要確實深入到盆器底部，支柱上方固定在陽台欄杆。露出土壤以上的支柱約有150cm就足夠了。最後再用園藝紮帶鬆鬆地將苗株固定在支柱上。

7 澆水

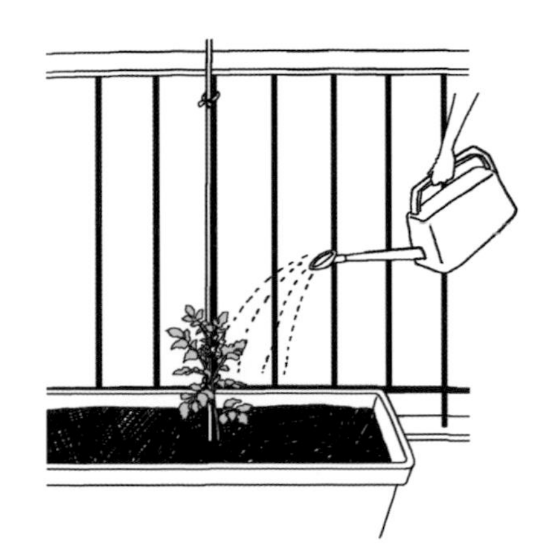

第一次澆的水量要很多，讓土壤全部都濕潤，所以水要不停地澆，直到從盆器底部流出來為止。當土壤表面變乾燥時，就表示需要再澆水。1個月過後再追肥就可以了。

8 摘除側芽

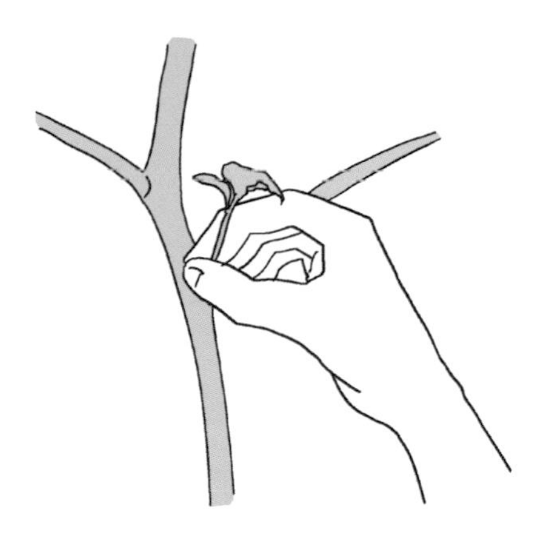

隨著苗株長大，莖和葉之間會陸續長出側芽（小芽）。一眼就看出是側芽時就要摘除，可避免養分耗損。

9 授粉

花一開就輕輕地用手搖晃一下。這麼一來，花粉飛散，自然就會授粉。授粉若成功，等到花謝了就會結果。

10 採收

通常授粉後約1個月就能採收，待綠色果實轉紅時就是採收時機，直接用手採摘即可。如果培育得好，能夠持續採收3～4個月。

MIYAZAKI MEMO

側芽做成苗株的方法

這是我從媽媽那裡學到的方法。先將長出2、3片葉子的側芽浸泡在水裡讓它生根，根長出來後再移植到土壤裡培育就可以了。當年我參加青年海外協力隊在巴拿馬就是推廣這個方法。

觀看影片

青椒

難易度

★★★★

場所

室內（窗邊）→陽台

栽種時期

春季

從種植到採收的期間

約3個月

▼ 栽培方法

迷你托盤 | 杯子 | 盆器 小 中 大

以同樣的培育方法也能再生彩椒與糯米椒

準備青椒料理時，我們通常會把籽去除，請在這階段把籽都先留下來吧！因為大部分的籽都未成熟，播種時就多播一點。利用一模一樣的栽培方法，還能再生彩椒和糯米椒。如果發現椿象等蟲子時，就用膠帶把牠們黏起來丟掉就行了。

1 取籽

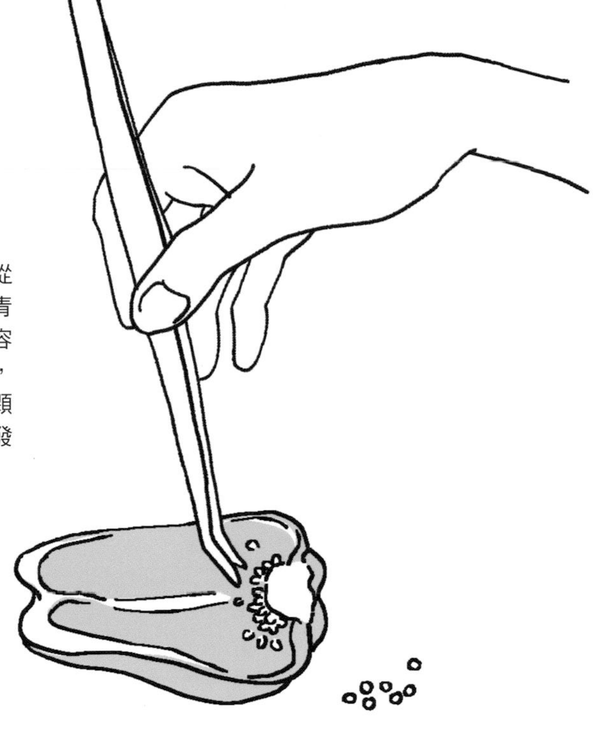

用鑷子等工具盡可能從成熟（顏色較深）的青椒取籽。因為它不太容易發芽，請多取一些，而且最好能夠取大顆的、硬的籽，以提高發芽的機率。

2 準備苗盆

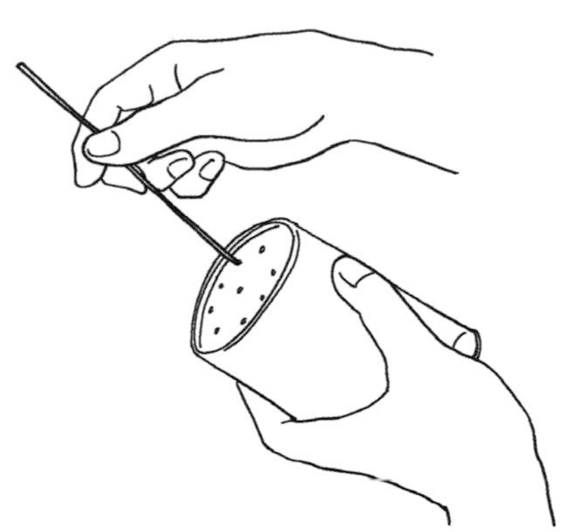

利用鑽子等尖頭的工具，將塑膠杯底部鑽10個左右的排水孔，作為培育苗株的苗盆。

3 播種

杯子裡倒入八分滿的培養土，放上步驟1取的籽，再覆蓋些許的土把籽埋起來。將它放在室內（窗邊）日照佳的地方，土壤表面乾了再澆水。發芽後只需留一株苗培育即可。

4 準備容器和土壤

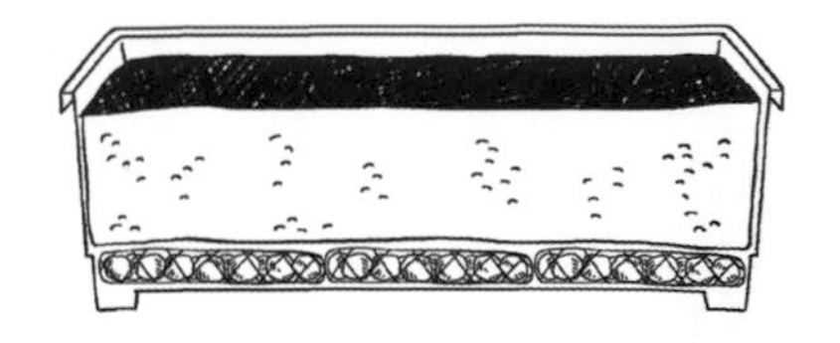

選用有深度的大型盆器，最下方鋪鉢底石（輕石），倒入約九分滿的蔬菜用培養土。因選用的培養土裡已經混有肥料，所以不需再加基肥。

5 移植

先在土裡挖個洞，再將長到15cm左右的苗株，連土一起從苗盆拿出來移植到盆器裡，並把苗株旁邊的土壤整平。植株之間須間隔40cm，大型盆器只適合種到2株。盆栽最好放在日照充足的陽台。

6 固定支柱

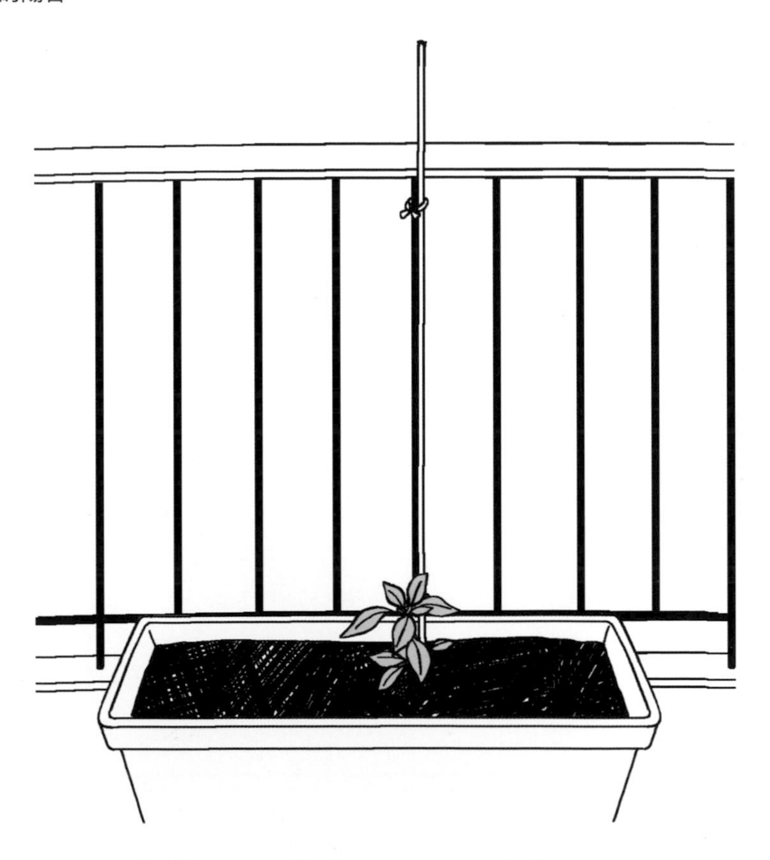

在距離苗株約1～2cm的地方立支柱。支柱要確實深入到盆器底部，支柱上方固定在陽台欄杆。露出土壤以上的支柱約有150cm就足夠了。最後再用園藝紮帶鬆鬆地將苗株固定在支柱上。

7 澆水

第一次澆的水量要很多，讓土壤全部都濕潤，所以水要不停地澆，直到從盆器底部流出來為止。當土壤表面變乾燥時，就表示需要再澆水。1個月過後再追肥就可以了。

8 摘除側芽

只需留下花旁邊的2株側芽，下方的側芽都摘除，修剪成如圖①～③的3株模樣。另外需要3個支柱支撐這3株。

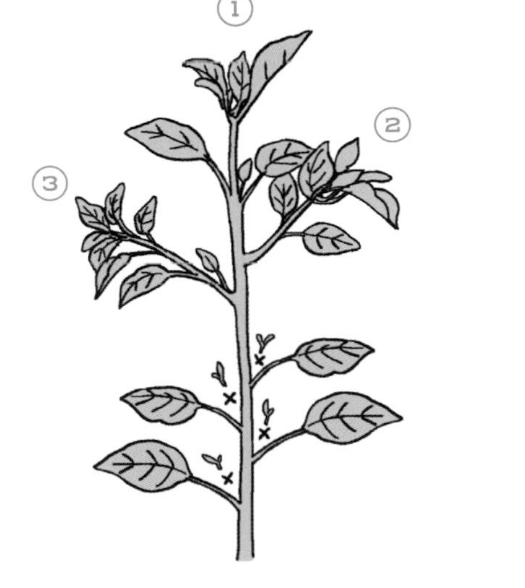

隨著苗株長大，莖和葉之間會陸續長出側芽（小芽）。一眼就看出是側芽時就要摘除，可避免養分耗損。

9 採收

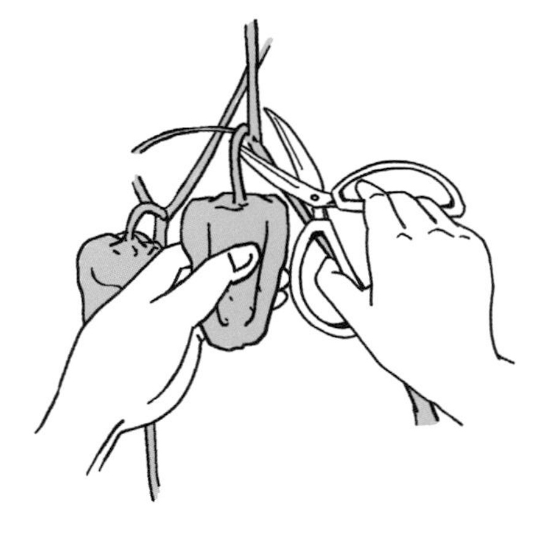

當長到跟超市販售的差不多大時，就可以用剪刀採收。先把比較小的剪下來，後面就能培育出大大的果實。

過熟茄子的籽
發芽的可能性更高

錯過食用時機以致過熟的茄子，最適合拿來再生栽培。把從熟得徹底的茄子取下的籽，種到土壤裡，將大大提高發芽的可能性。

難易度

★★★☆

場所

室內（窗邊）→陽台

栽種時期

春季

從種植到採收的期間

約3個月

▼ 栽培方法

迷你托盤

杯子

盆器
小 中 大

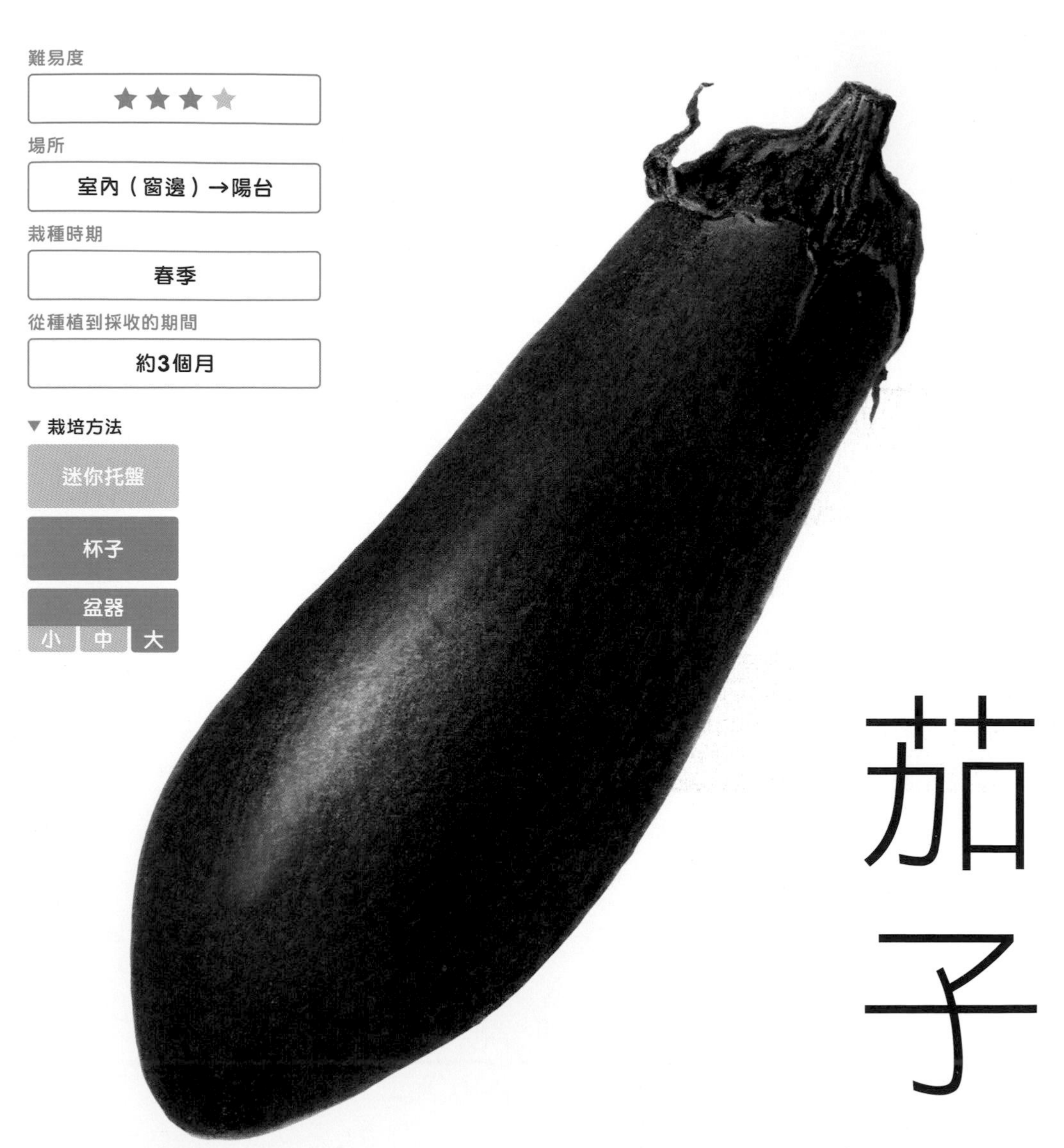

茄子

1 取籽

用鑷子等工具盡可能從成熟的茄子取籽。因為它不太容易發芽，請多取一些，而且最好能夠取大顆的、硬的籽，以提高發芽的機率。

2 準備苗盆

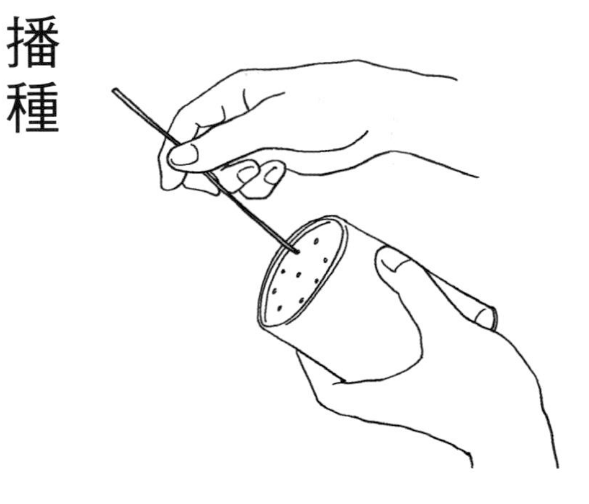

利用鑽子等尖頭的工具，將塑膠杯底部鑽10個左右的排水孔，作為培育苗株的苗盆。

3 播種

杯子裡倒入八分滿的培養土，放入步驟1取的籽，再覆蓋些許的土把籽埋起來。將它放在室內（窗邊）日照佳的地方，土壤表面乾了再澆水。發芽後只需留一株苗培育即可。

辣椒

難易度

★★★☆

場所

室內（窗邊）→陽台

栽種時期

春季

從種植到採收的期間

約3個月

▼ 栽培方法

迷你托盤 | 杯子 | 盆器 小 中 大

即使是乾辣椒的籽也能成功再生

韓國的辣椒、沖繩的島辣椒……世界上有各式各樣的辣椒，根據地區不同，辣椒種類也不相同，都可以試著培育看看。由於是從乾辣椒取籽，取得方式很簡單。粉末的形態也能進行再生栽培。

1 取籽

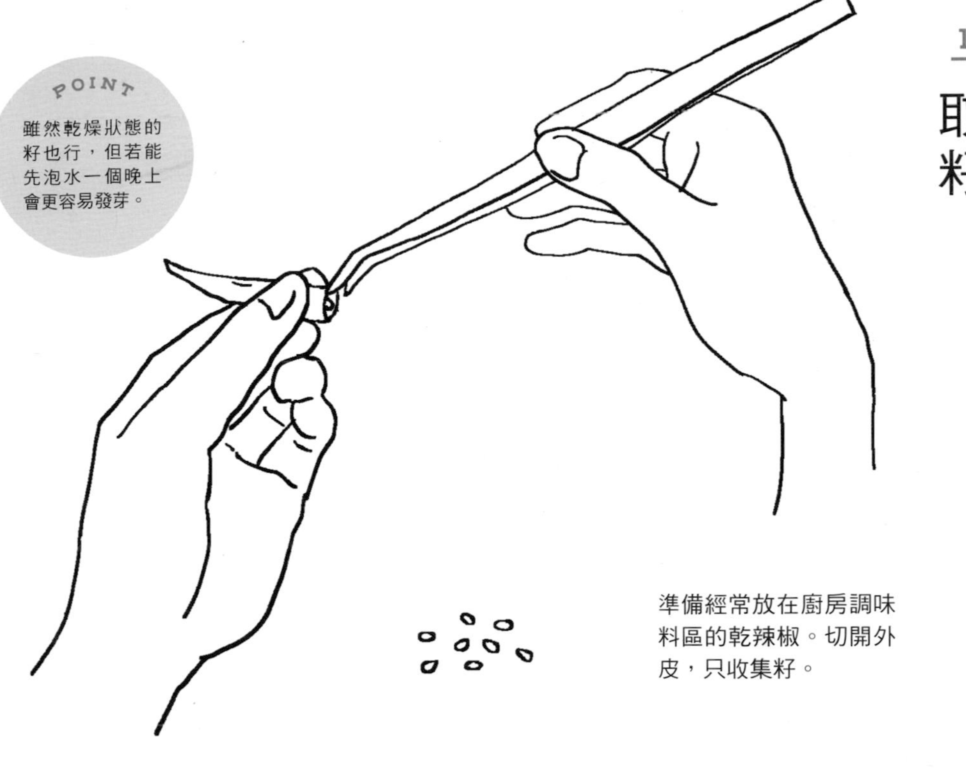

POINT

雖然乾燥狀態的籽也行，但若能先泡水一個晚上會更容易發芽。

準備經常放在廚房調味料區的乾辣椒。切開外皮，只收集籽。

2 準備苗盆

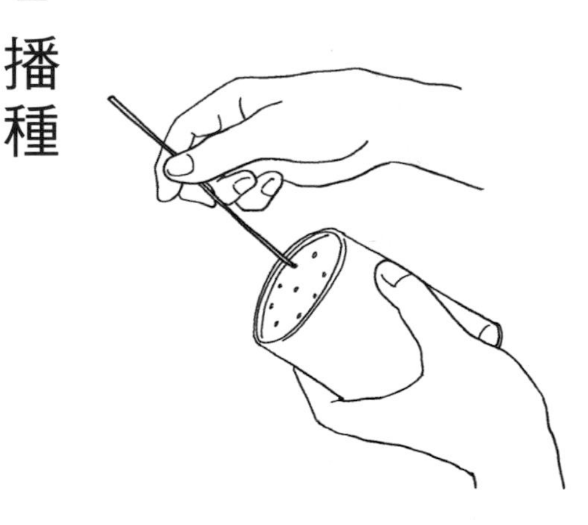

利用鑽子等尖頭的工具，在塑膠杯底部鑽10個左右的排水孔，作為培育苗株的苗盆。

3 播種

杯子裡倒入八分滿的培養土，放上步驟1取的籽，再覆蓋些許的土把籽埋起來。將它放在室內（窗邊）日照佳的地方，土壤表面乾了再澆水。發芽後只需留一株苗培育即可。

4 準備容器和土壤

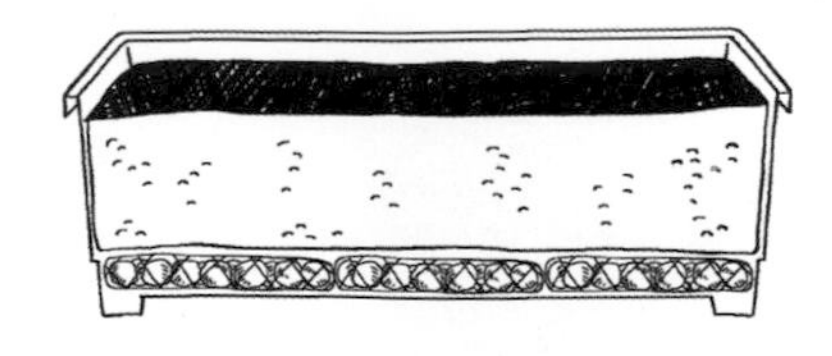

選用有深度的大型盆器，最下方鋪鉢底石（輕石），倒入約九分滿的蔬菜用培養土。因選用的培養土裡已經混有肥料，所以不需再加基肥。

5 移植

先在土裡挖個洞，再將長到15cm左右的苗株，連土一起從苗盆拿出來移植到盆器裡，並把苗株旁邊的土壤整平。植株之間須間隔40cm，大型盆器只適合種到2株。盆栽最好放在日照充足的陽台。

6 固定支柱

在距離苗株約1～2cm的地方立支柱。支柱要確實深入到盆器底部，支柱上方固定在陽台欄杆。露出土壤以上的支柱約有150cm就足夠了。最後再用園藝紮帶鬆鬆地將苗株固定在支柱上。

7 澆水

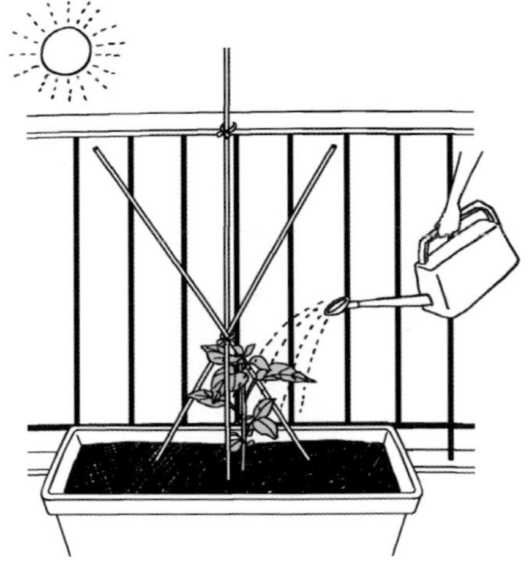

第一次澆的水量要很多，讓土壤全部都濕潤，所以水要不停地澆，直到從盆器底部流出來為止。當土壤表面變乾燥時，就表示需要再澆水。1個月過後再追肥就可以了。

8 摘除側芽

POINT

只需留下花旁邊的2株側芽，下方的側芽都摘除，修剪成如圖①～③的3株模樣。另外需要3個支柱支撐這3株。

①
②
③

隨著苗株長大，莖和葉之間會陸續長出側芽（小芽）。一眼就看出是側芽時就要摘除，可避免養分耗損。

9 採收

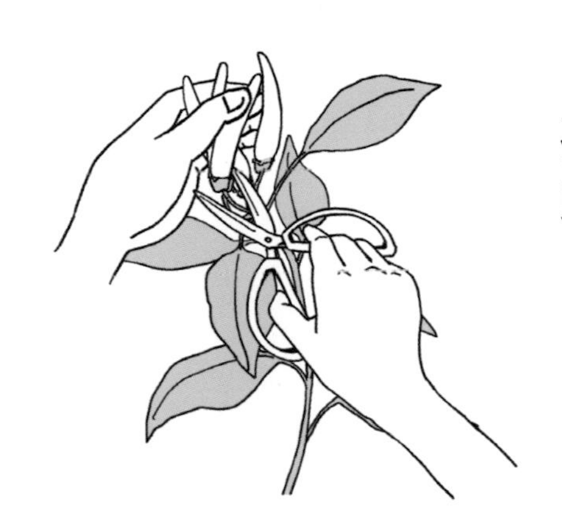

當辣椒由綠轉紅，就可以拿剪刀來採收。依據種類的差異，某些能夠反覆採收很多次。秋天枯萎時，就表示收穫結束了。

10 乾燥

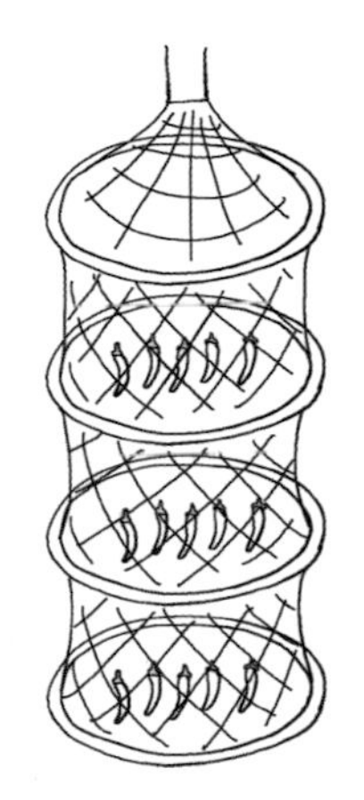

新鮮生辣椒可直接拿來料理。如果要延長保存，可將採收下來的辣椒放進乾燥用網子，放在通風良好的陰涼處風乾2週左右，做成乾辣椒即可。

MIYAZAKI MEMO

辣椒葉也很好吃

辣椒不僅是食用果實，葉子本身也很好吃。可以採收摘除側芽後長出來的嫩葉，或是在採收辣椒時連同嫩葉一起摘下。葉子吃起來更能感受到微微的辛辣感喔！

以受歡迎的綠色簾子營造夏日環保風

綠色苦瓜會苦是因為還沒成熟。長到成熟的苦瓜顏色會帶紅色，甜味也會增加。而且從熟成苦瓜取的籽，能夠用來再生栽培。苦瓜生長時需要爬藤，因此會形成自然的綠色簾子，想要感受的人不妨試試看。

難易度

★★★☆

場所

室內（窗邊）→陽台

栽種時期

春季

從種植到採收的期間

約4個月

▼栽培方法

迷你托盤

杯子

盆器
小 中 大

1 取籽

盡可能從成熟的苦瓜取籽，而且籽越大越好。熟成的苦瓜帶有紅色，可從顏色辨別成熟度。如果是綠色苦瓜，請於室溫陰涼處放1週左右讓它熟成。

2 準備苗盆

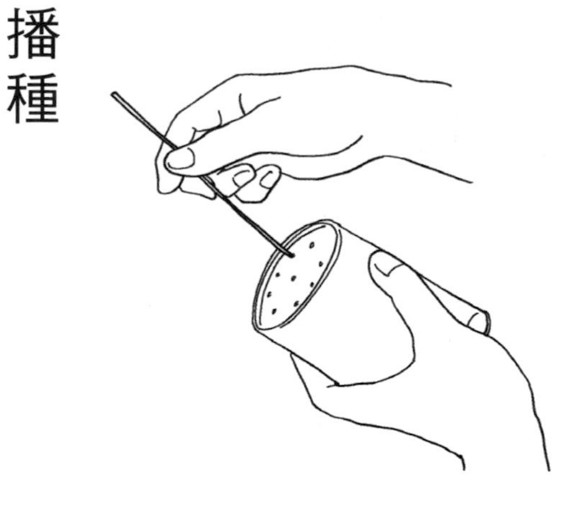

利用鑽子等尖頭的工具，在塑膠杯底部鑽10個左右的排水孔，作為培育苗株的苗盆。

3 播種

杯子裡倒入八分滿的培養土，放入步驟1取的籽，再覆蓋些許的土把籽埋起來。將它放在室內（窗邊）日照佳的地方，土壤表面乾了再澆水。發芽後只需留一株苗培育即可。

4

準備容器和土壤

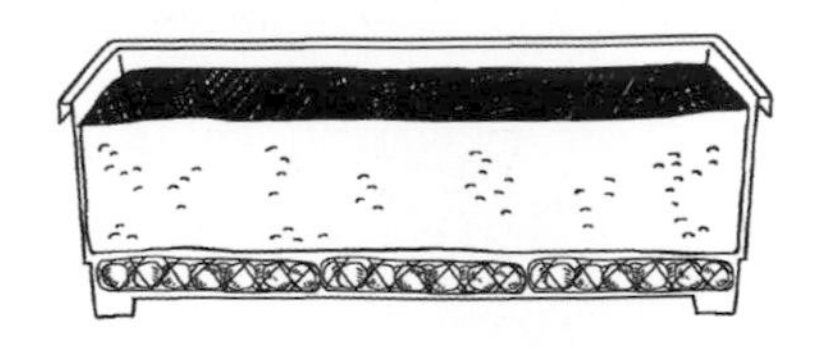

選用有深度的大型盆器，最下方鋪缽底石（輕石），倒入約九分滿的蔬菜用培養土。因選用的培養土裡已經混有肥料，所以不需再加基肥。

5

移植

先在土裡挖個洞，再將長到15cm左右的苗株，連土一起從苗盆拿出來移植到盆器裡，並把苗株旁邊的土壤整平。植株之間須間隔40cm，大型盆器只適合種到2株。盆栽最好放在日照充足的陽台。

6

立支柱&架網

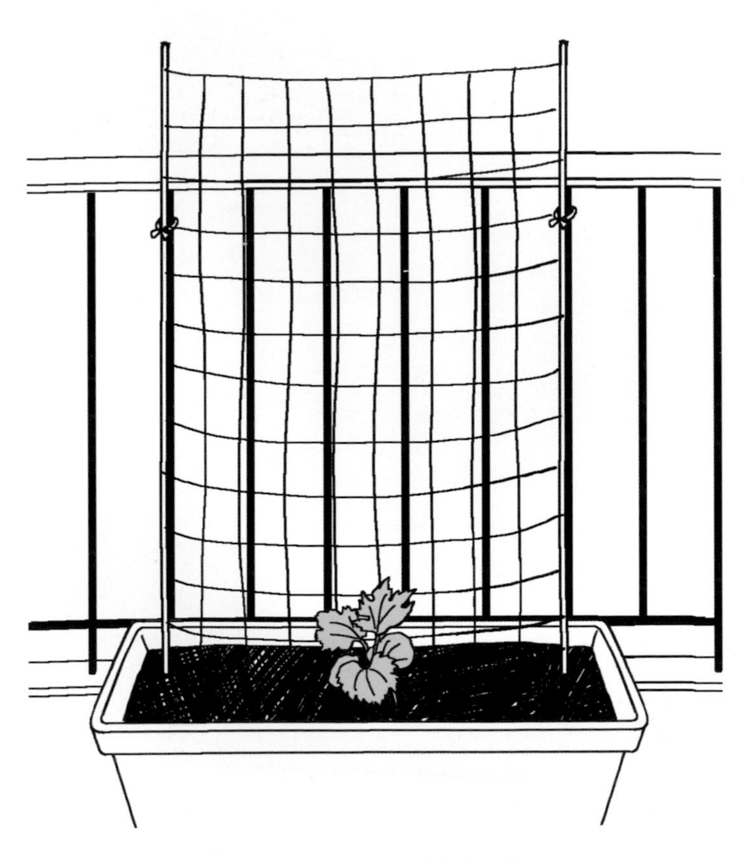

若是在陽台，可利用靠近天花板的曬衣桿來架網，沒有的話另外準備伸縮桿。把網子固定在桿子上，並在盆栽兩端各立一根支柱，支柱前端要能接觸到桿子。再用園藝紮帶將支柱與桿子固定後，把網子的左右兩邊分別固定在支柱上。

7 澆水

第一次澆的水量要很多，讓土壤全部都濕潤，所以水要不停地澆，直到從盆器底部流出來為止。當土壤表面變乾燥時，就表示需要再澆水。1個月過後再追肥就可以了。

8 摘芯

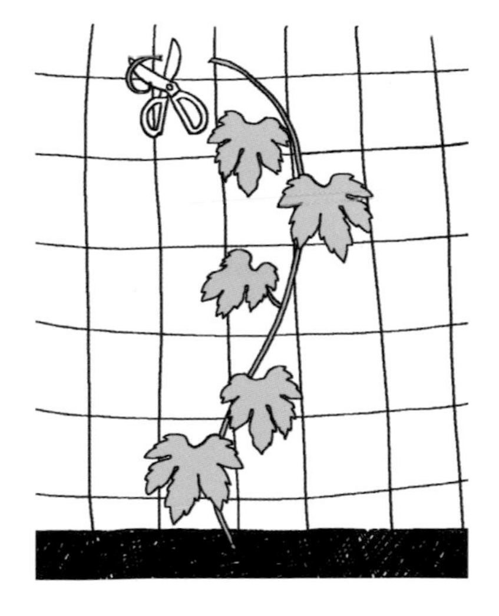

當主蔓的葉子長出約5片左右，就要剪掉主蔓的前端，此動作稱為摘芯。如此一來，主蔓就不會再長，而是長出側芽。側芽長出來，子蔓、孫蔓跟著生長，便能結出很多果實。

9 授粉

苦瓜有雄花和雌花。花朵底部有一個小小的像是苦瓜的東西就是雌花。摘下雄花、剝掉花瓣、露出雄蕊，將雄蕊輕輕抹在雌蕊上數次。人工授粉後就能培育出大果實。

10 採收

當長到跟超市販售的差不多大時，就可以用剪刀採收。先把比較小的剪下來，後面就能培育出大大的果實。

實用小幫手
COLUMN
3

不需要菜刀&瓦斯！

用現摘的蔬菜做小菜

即使不擅長做菜，也絕對不會失敗！

好不容易培育出來的蔬菜，當然會想細細品嚐一番。這裡，就由取得廚師執照且超愛做菜的作者，教你如何使用現採的蔬菜做出超簡單的常備菜。不用菜刀也不需要瓦斯，不會做菜的人也請務必親自做做看。

【韓式拌菜】

材料

小松菜　麻油
燒肉醬

STEP 1
剪小松菜

將小松菜用剪刀剪成容易入口的大小後，放入耐熱皿中微波加熱。

STEP 2
拌勻材料

將麻油淋在微波好的小松菜上，再倒入燒肉醬拌勻。分量依個人喜好添加即可。

完成！

配飯下酒兩相宜！

STEP 3
盛盤

等小松菜入味就完成了。可以馬上吃，也可以放一個晚上再吃會更好吃。除了小松菜，茼苣等葉菜類蔬菜也都可以這樣料理！

【醬油漬紫蘇】

材料

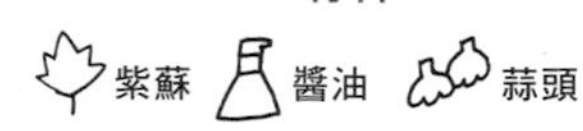

紫蘇　醬油　蒜頭

STEP 1
拌勻材料

紫蘇直接使用不需切，加入磨好的蒜泥和醬油，靜置醃漬，入味就完成了。

STEP 2
盛盤

放在熱騰騰的白飯上一起吃，相當美味。或用紫蘇葉把飯包著吃吃看吧！

完成！

非常適合作為「收尾」的小菜！

簡單的調味，蔬菜美味度倍增！

採收下來立刻料理，鮮度當然是比超市的蔬菜要好。正因如此，不花俏的簡單調味就是人間美味了。請一定要在社群軟體上分享你們跟著做了並品嚐後的感想喔！

第5章

根莖類蔬菜

這章要介紹如何將長在土壤裡的蔬菜，

從一小塊再生培育到跟超市販售的差不多大小。

由於根莖類蔬菜是在土壤中生長，

使用的盆器必須要夠深才行。

馬鈴薯

難易度

★★★★

場所

陽台

栽種時期

春、秋

從種植到採收的期間

約4個月

▼ 栽培方法

迷你托盤 | 杯子 | 盆器 小 中 大

發芽的馬鈴薯更適合再生栽培

馬鈴薯的芽有毒，一旦發芽後就不能食用。但這種馬鈴薯很適合再生栽培。日照不足、太早採收，都無法培育出大顆馬鈴薯，因此請確保日照充足並掌握採收時期。於春天或秋天種植較合適。

1 準備容器和土壤

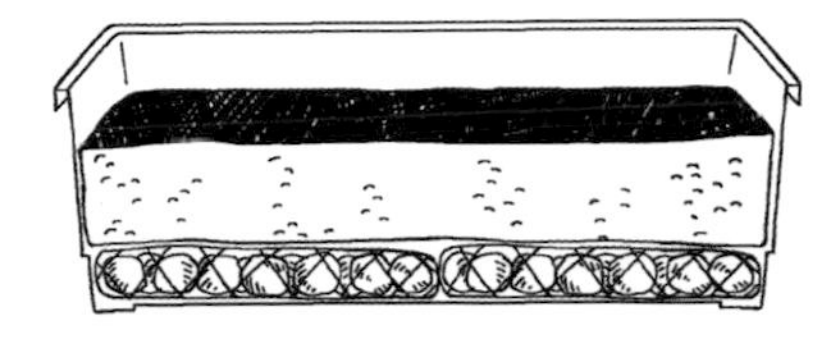

選用有深度（30cm左右）的大型盆器。最下方鋪缽底石（輕石），倒入約六分滿的蔬菜用培養土。因選用的培養土裡已經混有肥料，所以不需再加基肥。

2 種到土壤裡

POINT

從市場、超市等處購買的馬鈴薯都可以，不限品種。不需切，整顆種下去吧！

長出很多芽的那面朝上，將整顆馬鈴薯種在土壤裡約3cm深的地方。每顆之間須間隔20cm。盆栽最好放在日照充足的陽台。當土壤表面極度乾燥時再澆一點水。

3 減芽

POINT

減芽是為了培育出大顆馬鈴薯，如果想要小顆馬鈴薯就不需減芽。

約2～3週後，芽就會從土裡鑽出。當芽長到約15cm，一顆馬鈴薯長出5、6株芽時，只留下比較大的3株，其餘的都拔掉。拔的時候請留意土壤裡的馬鈴薯，不要弄傷它了。

4 加土

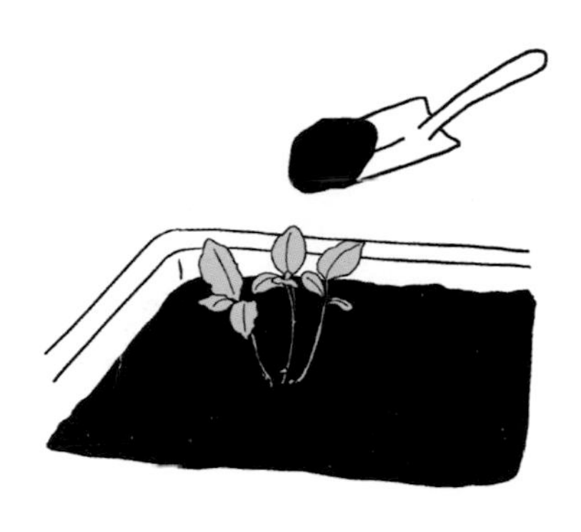

新馬鈴薯會長在最先種進去的馬鈴薯上面。當芽長到約15～20cm時，就要添加含有基肥的培養土，土量加到約盆器的九分滿。添加時請小心不要把芽也埋進土裡，可分多次添加。

5 澆水

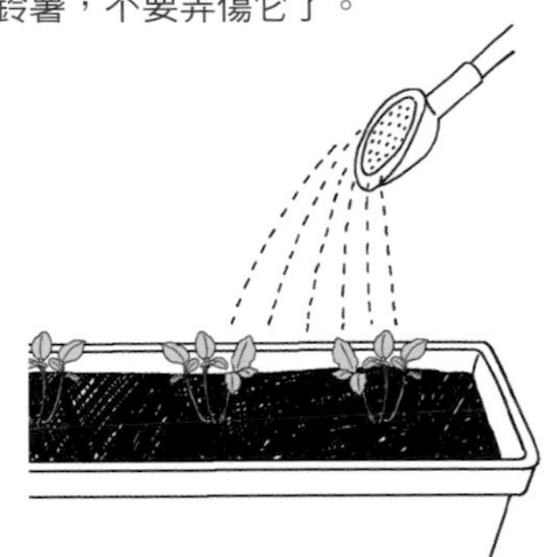

第一次澆的水量要很多，讓土壤全部都濕潤，所以水要不停地澆，直到從盆器底部流出來為止。當土壤表面變乾燥時，就表示需要再澆水。1個月之後再追肥就可以了。

6 採收

種了3～4個月後即可採收。採收的基準為有超過一半以上的葉子都枯萎的時候。可以用手直接挖，但為避免有漏網之魚，把整個盆栽翻倒下來會比較好挖好找。一顆馬鈴薯能長出很多顆新馬鈴薯。

薑

難易度

★★★☆

場所

陽台

栽種時期

春季

從種植到採收的期間

約半年

在不同時間點
能收獲不同型態的薑

可選在夏天還有葉子的狀態時採收嫩薑，或培育到秋冬、葉子都枯萎時再採收粉薑。無論哪種都很推薦。一種栽培方法兩種採收樂趣，是不是很有意思呢！

▼ 栽培方法

迷你托盤　杯子

1 準備容器和土壤

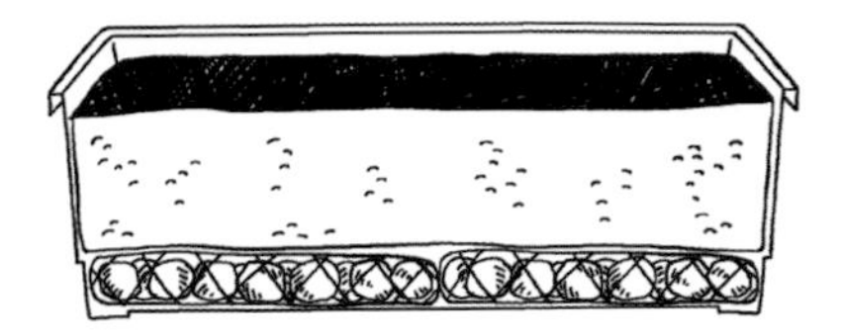

選用中型盆器，最下方鋪缽底石（輕石），倒入約九分滿的蔬菜用培養土。因選用的培養土裡已經混有肥料，所以不需再加基肥。

2 種到土壤裡

POINT

若要採收粉薑，直接這樣培育半年讓它長大即可。或是到了夏天長出葉子時，連葉子一起採收嫩薑。

有芽的那端朝上，把長得像木頭娃娃頭部的薑頭種進土壤裡約3cm深的地方。每顆之間須間隔20cm。盆栽最好放在日照充足的陽台。

3 澆水

第一次澆的水量要很多，讓土壤全部都濕潤，所以水要不停地澆，直到從盆器底部流出來為止。當土壤表面變乾燥時，就表示需要再澆水。1個月之後再追肥就可以了。

4 採收

秋～冬季採收。採收的基準為葉子開始枯萎的時候。可以用手直接挖，但為避免有漏網之魚，把盆栽整個翻倒下來會比較好挖好找。一個芽能採收一顆小型的薑。

MIYAZAKI MEMO

不採收再培育一年的話……？

如果過了秋～冬季採收時期，不把薑挖出來就這麼放著不管會變成怎樣呢？事實上，到了春天又會冒出芽來。這時就跟第一年的培育方法一樣照顧就行了，然後到了隔年的秋～冬季再挖看看吧！肯定會收穫比第一年還要大的薑喔！

蒜頭

難易度

★★★☆

場所

陽台

栽種時期

整年

從種植到採收的期間

約1年

▼栽培方法

迷你托盤 | 杯子 | 盆器 小 中 大

採收後風乾 即可延長保存

可利用錯過食用時機而冒出芽的蒜頭來種植。只需種下1瓣，就會增加到5、6瓣。採收新鮮的蒜頭後，放置在通風良好處約1個月，乾燥完成便能保存很久。

1

準備容器和土壤

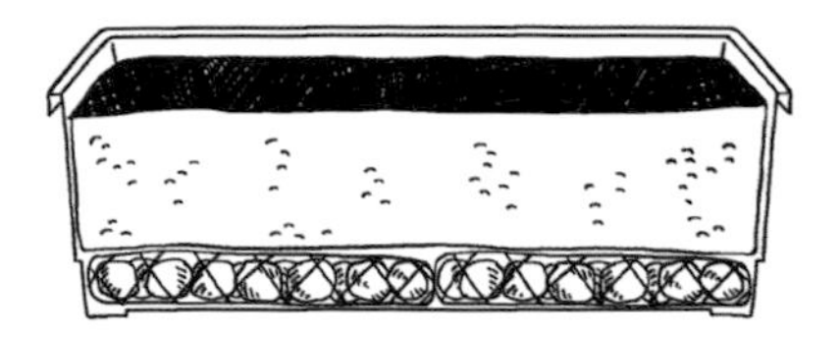

選用中型花盆，最下方鋪缽底石（輕石），倒入約九分滿的蔬菜用培養土。因選用的培養土裡已經混有肥料，所以不需再加基肥。

2

種到土壤裡

POINT

種了約2週後就會發芽。就這樣持續培育半年。培育期間看到開花就要摘除。

從一整顆蒜頭剝下1瓣使用。有芽的朝上，種進土壤裡約3cm深的地方。每顆之間須間隔10cm。盆栽最好放在日照充足的陽台。雖沒有限制種植時期，但通常都在夏～秋開始。

3

澆水

第一次澆的水量要很多，讓土壤全部都濕潤，所以水要不停地澆，直到從盆器底部流出來為止。當土壤表面變乾燥時，就表示需要再澆水。1個月之後再追肥就可以了。

4

採收

初夏採收。採收的基準為葉子開始枯萎的時候。抓著葉子稍微用力拔起，拔起後，將葉子綁起來吊掛乾燥。

MIYAZAKI MEMO

即使放任不管也會持續長大

蒜頭是在秋天種植、隔年初夏採收，生長期間極長。幾乎不需要什麼照顧也能生長，只要是種在土壤裡，澆澆水、2～3個月追肥一次就行了。唯一要注意的是，不要忘了摘花。長到一定程度的蒜頭幼苗即為蒜苗，之後抽出的花莖是蒜薹，這些都能食用。

地瓜

難易度

★★★★

場所

廚房→陽台

栽種時期

春季

從種植到採收的期間

約半年

▼ 栽培方法

迷你托盤 | 杯子 | 盆器 小 中 大

靠一小塊地瓜竟能收穫數個地瓜

剪下從一小塊地瓜長出的藤蔓讓它再生吧！但若營養不足就不會發芽，也就很難再生，所以若是小顆的地瓜，直接整顆使用會比較好。採收起來的地瓜放1～2個月後再吃會更甜喔！

1 浸水

POINT

不限品種，請挑選喜歡的品種挑戰吧！要切地瓜的哪一頭都行，一小塊就足夠。

切下地瓜的一頭，並將切口朝下放入水中。水量不要超過地瓜頭。需要每天換水。經過1～2週後就會長出根和芽，讓它長長一點以當作苗株使用。

2 剪藤蔓

POINT

請仔細觀察一下藤蔓，葉子和莖連結的地方其實是有長出小小的根。將它種到土壤裡就能長出地瓜。

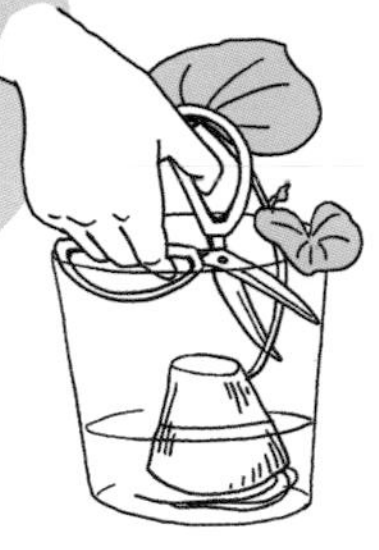

浸水1個月左右就能長成作為苗株的大小。最佳取苗時間在4、5月。當藤蔓長到15～20cm、葉子也很多時，就把藤蔓剪下。沒有根沒關係，只要有藤蔓就夠了。

3 準備容器和土壤

選用有深度的大型盆器，最下方鋪缽底石（輕石），倒入約九分滿的蔬菜用培養土。因選用的培養土裡已經混有肥料，所以不需再加基肥。

4 種到土壤裡

POINT

移植到土裡後不久，葉子枯萎為正常現象，不需擔心。只要根長得好，就會逐漸恢復元氣。

將藤蔓斜斜地種到土壤裡。根和莖要在土裡，藤蔓躺在土上就行了，請留意不要把葉子也埋進土裡。盆栽最好放在日照充足的陽台。

5 澆水

第一次澆的水量要很多，讓土壤全部都濕潤，所以水要不停地澆，直到從盆器底部流出來為止。當土壤表面變乾燥時，就表示需要再澆水。1個月之後再進行追肥就可以了。

6 立支柱＆架網

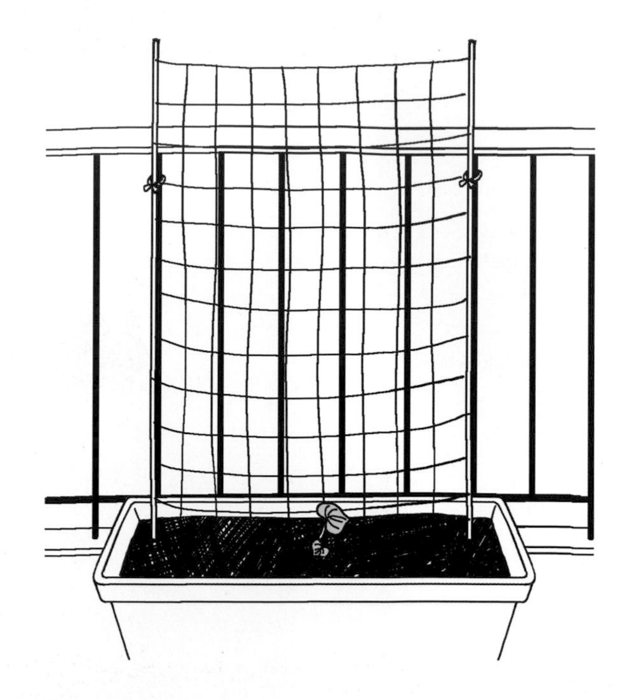

在盆栽兩端立支柱、架網子，讓長長的藤蔓可以攀爬。由於藤蔓會沿著網子縱向攀爬，所以即使是在狹窄的空間也能培育。而如果陽台空間夠大，不架網子讓它隨意在地上攀爬也行。

7 採收

10月左右採收。採收的基準為藤蔓開始枯萎的時候。可以用手直接挖，但為避免有漏網之魚，把盆栽整個翻倒下來會比較好挖好找。一根藤蔓能採收3、4顆地瓜。

MIYAZAKI MEMO

肥料太多會長不出地瓜？

地瓜要在肥料少的土壤才會長得好。肥料（氮）太多，只有葉子會不斷地生長，但長不出地瓜。不過，用盆器培育的話，因為根的生長範圍有限，添加含基肥的土壤會比較好。

第6章

水果

試著種下水果籽讓它再生吧！
為了種出香甜的水果，
結果時不能心急，必須等成熟再採收。
重點是學會分辨出現香味等些許變化後的採收時機。

草莓

難易度

★★★★

場所

室內（窗邊）→陽台

栽種時期

整年

從種植到採收的期間

約1年

▼ 栽培方法

迷你托盤 | 杯子 | 盆器 小 中 大

剛採摘的完熟草莓香甜可口

由於不容易發芽，要取籽的話，就拿快要爛掉的草莓挑戰看看吧！用鑷子夾或是用刀子刮都可以。結果之後，請務必等到完熟再採收，便能享用又甜又美味的草莓。

1 取籽

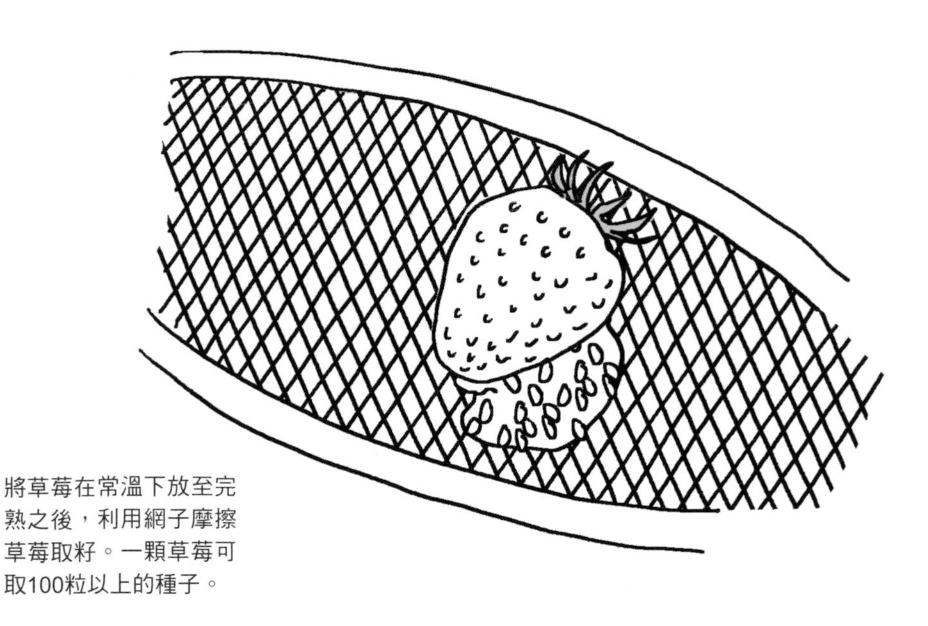

將草莓在常溫下放至完熟之後，利用網子摩擦草莓取籽。一顆草莓可取100粒以上的種子。

2 準備苗盆

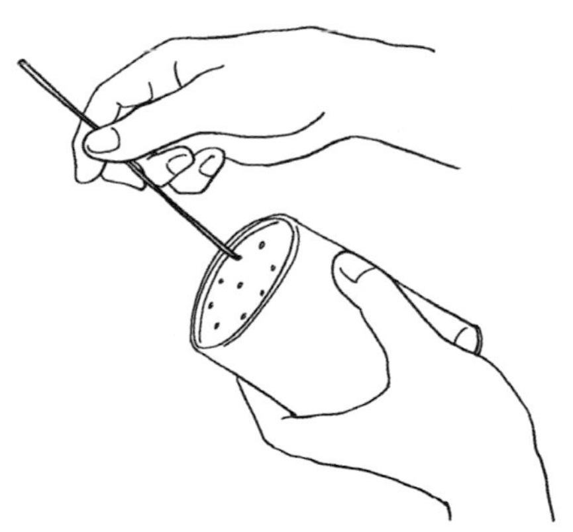

利用鑽子等尖頭的工具，在塑膠杯底部鑽10個左右的排水孔，作為培育苗株的苗盆。

3 播種

POINT

播種後約1個月左右會發芽。所有長出來的芽都不需摘除，繼續培育即可。

杯子裡倒入八分滿的培養土，放上步驟1取的籽。播下的籽要分散開來，上面可不必再覆蓋土壤。將它放在室內（窗邊）日照佳的地方，土壤表面乾了再澆水。

4 準備容器和土壤

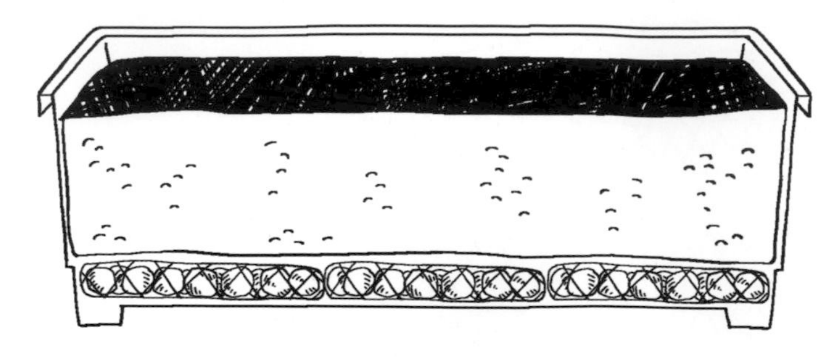

選用中型盆器，最下方鋪缽底石（輕石），倒入約九分滿的蔬菜用培養土。因選用的培養土裡已經混有肥料，所以不需再加基肥。

5 移植

當苗株分別長出3片葉子時，就可連土一起從苗盆取出移植到盆器裡。先在土裡挖個洞再放入苗株，並把旁邊的土壤整平。植株之間須間隔20cm，中型盆器能種2、3株。盆栽最好放在日照充足的陽台。

6 澆水

第一次澆的水量要很多，讓土壤全部都濕潤，所以水要不停地澆，直到從盆器底部流出來為止。當土壤表面變乾燥時，就表示需要再澆水。1個月之後再追肥就可以了。

7 授粉

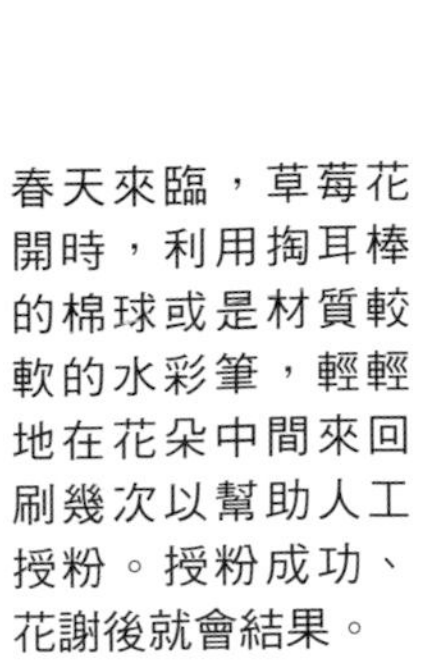

春天來臨，草莓花開時，利用掏耳棒的棉球或是材質較軟的水彩筆，輕輕地在花朵中間來回刷幾次以幫助人工授粉。授粉成功、花謝後就會結果。

8 採收

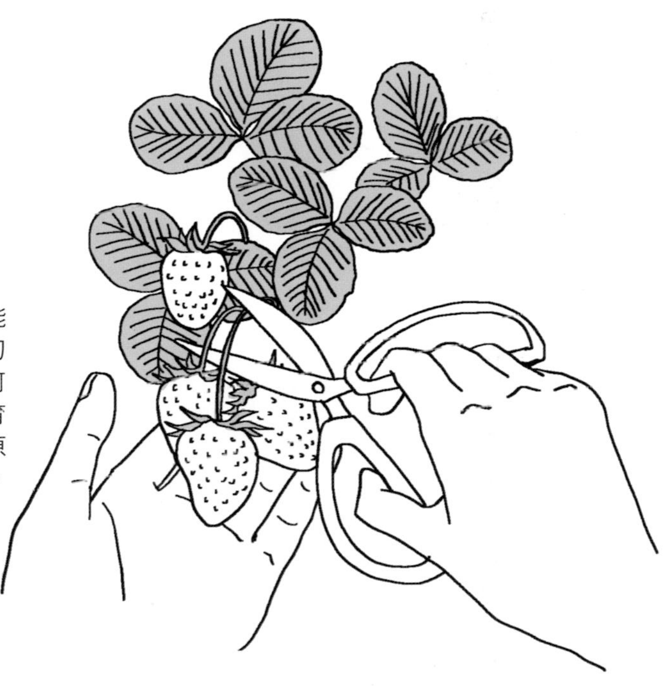

春天，果實變紅就能採收。採收時用剪刀剪或是用手摘都可以。從果實取籽培育而成的草莓，會和原來的品種完全不同。

MIYAZAKI MEMO

草莓每年都能收成嗎？

到了嚴寒的冬季，大部分的蔬菜都會枯萎，但草莓例外。即使是冬天也能安然度過存活下來。也就是說，只要栽培成功一次，每年的春天都能採收。但要注意可能因病蟲害而枯萎的情形喔！

小玉西瓜

難易度

★★★★

場所

室內（窗邊）→陽台

栽種時期

春季

從種植到採收的期間

約3個月

▼ 栽培方法

迷你托盤 | 杯子 | 盆器 小 中 大

在陽台也能培育的迷你西瓜

一般的西瓜會長很多藤蔓，很難在陽台培育長大，但小玉西瓜就沒這個困擾。只要利用支柱、網子讓它縱向攀爬，還能節省許多空間。不過，西瓜的栽培程序多，較不適合園藝新手來挑戰。

1 取籽

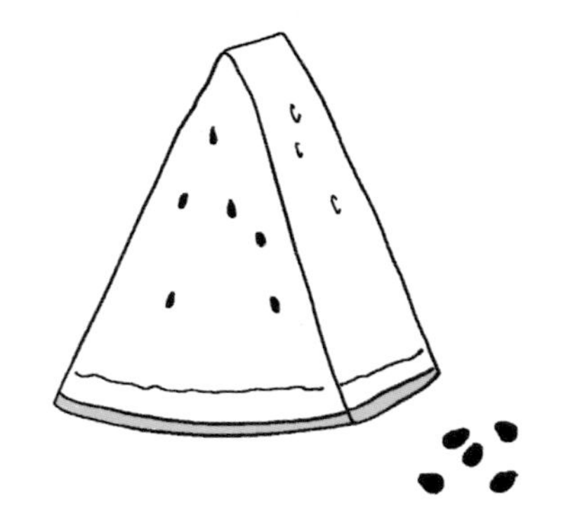

把吃完西瓜肉後剩下的籽保留下來，請儘量選又黑又大的籽。

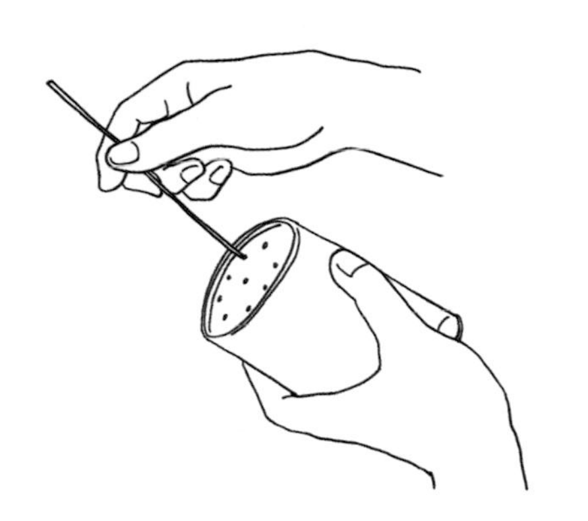

利用鑽子等尖頭的工具，在塑膠杯底部鑽10個左右的排水孔，作為培育苗株的苗盆。

3 播種

POINT

從播種到發芽需要一點時間，請耐心觀察1～2週看看。

杯子裡倒入八分滿的培養土，放上步驟1取的籽，再覆蓋些許的土把籽埋起來。將它放在室內（窗邊）日照佳的地方，土壤表面乾了再澆水。發芽後只需留一株苗培育即可。

4 準備容器和土壤

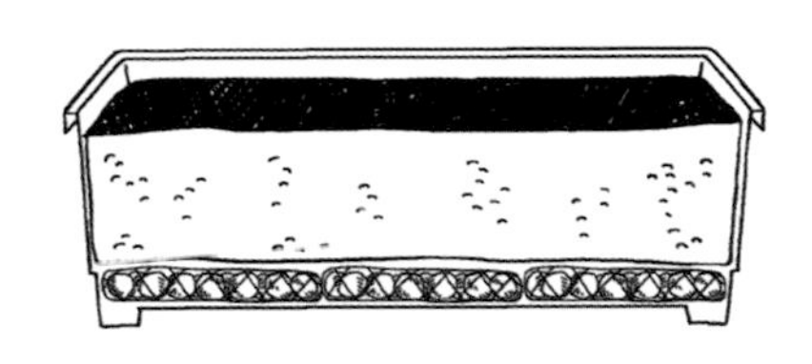

選用有深度的大型盆器，最下方鋪缽底石（輕石），倒入約九分滿的蔬菜用培養土。因選用的培養土裡已經混有肥料，所以不需再加基肥。

5 移植

當苗株長到15cm，就可連土一起從苗盆取出移植到盆器裡。先在土裡挖個洞再放入苗株，並把旁邊的土壤整平。大型盆器只適合種1株。盆栽最好放在日照充足的陽台。

6 立支柱&架網

若是在陽台，可利用靠近天花板的曬衣桿來架網，沒有的話另外準備伸縮桿。把網子固定在桿子上，並在盆栽兩端各立一根支柱，支柱前端要能接觸到桿子。再用園藝紮帶將支柱與桿子固定後，把網子的左右兩邊分別固定在支柱上。請留意網子不能弄得鬆鬆垮垮的。

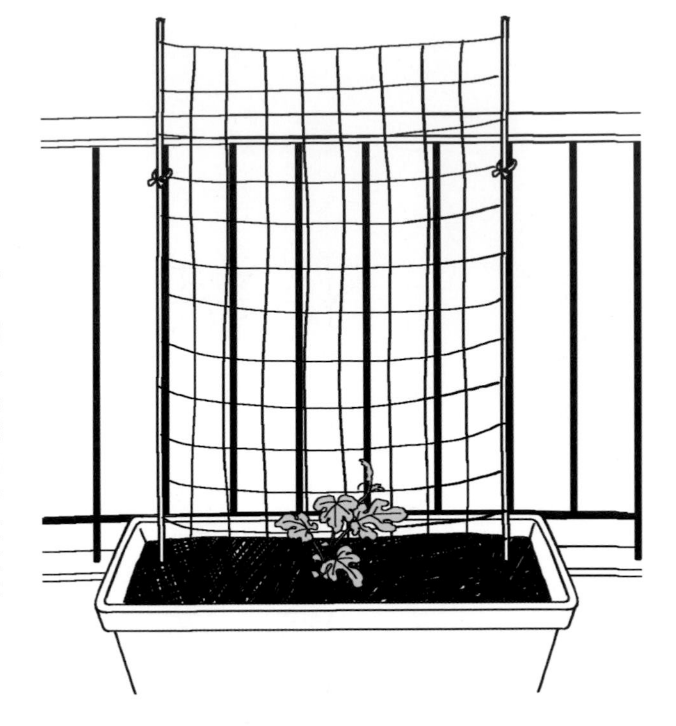

7 澆水

第一次澆的水量要很多，讓土壤全部都濕潤，所以水要不停地澆，直到從盆器底部流出來為止。當土壤表面變乾燥時，就表示需要再澆水。1個月之後再進行追肥就可以了。

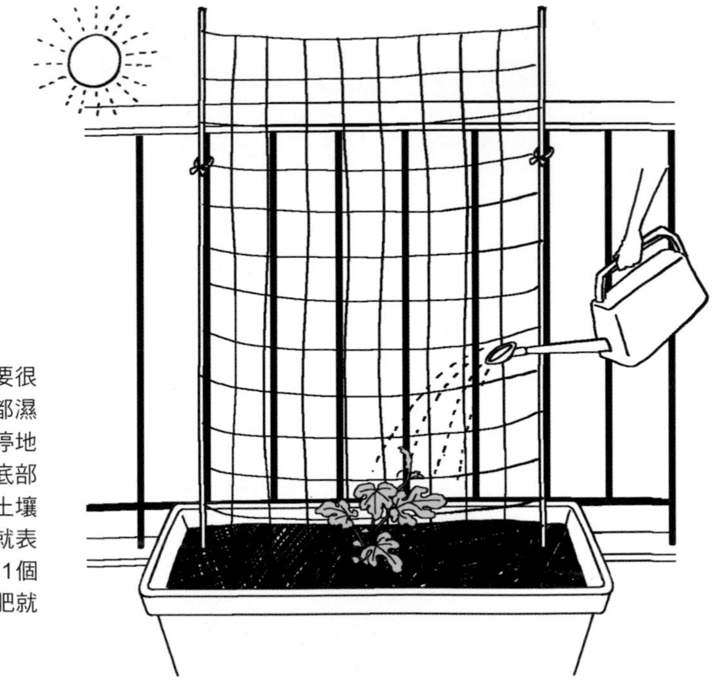

8 摘芯

當主蔓的葉子長出約5片左右，就要剪掉主蔓的前端，這動作稱為摘芯。如此一來，主蔓就不會再長，而是長出側芽。側芽長出來，子蔓、孫蔓跟著生長，便能結出很多果實。

9 授粉

POINT

授粉成功結出果實時，請用網子包起來以防長大後掉落。

西瓜有雄花和雌花。花朵底部有一小小的像是西瓜的東西就是雌花。摘下雄花、剝掉花瓣、露出雄蕊，將雄蕊輕輕地沾抹在雌蕊上數次。利用人工授粉後就能培育出大果實。

10 採收

授粉成功後約1個月即可採收。當果實附近的捲鬚枯萎，即表示西瓜成熟了。用剪刀剪下來吧！

MIYAZAKI MEMO

連籽都好吃的小玉西瓜！

小玉西瓜的品種很多，特徵也各不相同。如PinoGirl是連籽都能吃的日本品種，而且籽的大小只有一般的四分之一！咬起來的口感還不錯，老實說，第一次吃的時候很驚艷。

洋香瓜

難易度

★★★★

場所

室內（窗邊）→陽台

栽種時期

春季

從種植到採收的期間

約3個月

▼ 栽培方法

迷你托盤 | 杯子 | 盆器 小 中 大

不限品種
都能以同樣方法培育

果肉有紅的也有綠的，果皮有網紋的也有光滑的，品種不同特徵也不同。但基本上，培育的方法完全一樣。從發芽、摘芯到授粉等程序多，架網子、分辨採收時機等也都需要有經驗，推薦給園藝老手。

1 取籽

儘量從成熟的洋香瓜取籽，選大顆的、顏色深的。把籽洗乾淨。

2 準備苗盆

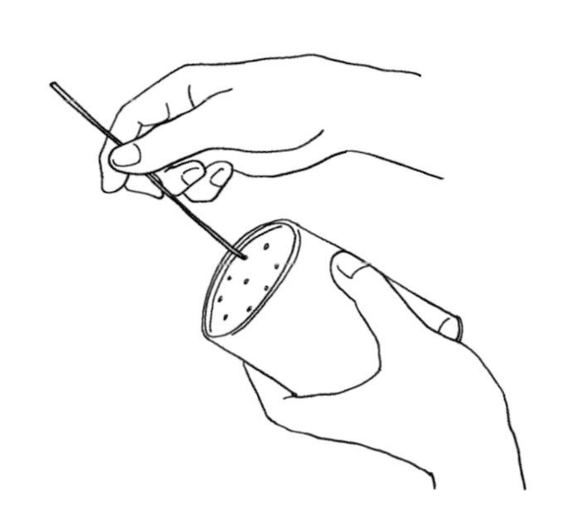

利用鑽子等尖頭的工具，在塑膠杯底部鑽10個左右的排水孔，作為培育苗株的苗盆。

3 播種

POINT
跟西瓜一樣，從播種到發芽需要觀察1～2週的時間。

杯子裡倒入八分滿的培養土，放入步驟1取的籽，再覆蓋些許的土把籽埋起來。將它放在室內（窗邊）日照佳的地方，土壤表面乾了再澆水。發芽後只需留一株苗培育即可。

4 準備容器和土壤

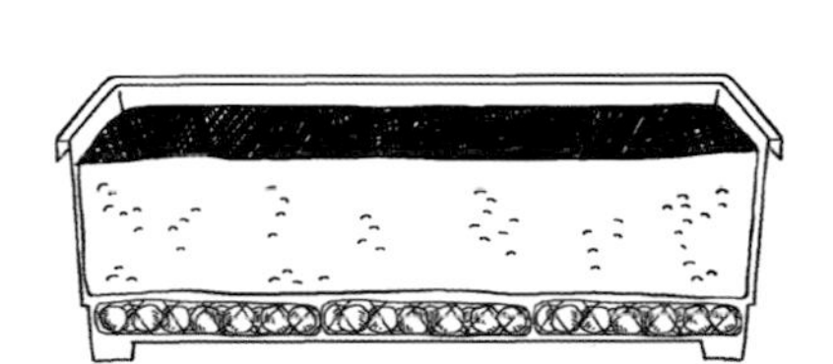

選用有深度的大型盆器，最下方鋪缽底石（輕石），倒入約九分滿的蔬菜用培養土。因選用的培養土裡已經混有肥料，所以不需再加基肥。

5 移植

當苗株長到15cm，就可連土一起從苗盆取出移植到盆器裡。先在土裡挖個洞再放入苗株，並把旁邊的土壤整平。大型盆器只適合種1株。盆栽最好放在日照充足的陽台。

實用小幫手 COLUMN 4

用新鮮水果製作！手工釀果實酒

大人專屬！另一種開心享用水果的方法

濃縮水果的甜味及香氣，令人愛不釋手的果實酒，現在，就用自家栽培的水果加上喜愛的酒調配看看吧！不需要專業的釀酒知識，用簡單的方式照著做，就能釀出獨特風味的果實酒。

材料與容器（白蘭地草莓酒）

冰糖　草莓　白蘭地　玻璃罐

準備熟成的草莓

STEP 1　準備水果

清洗草莓、去掉蒂頭，整顆直接使用不用切。若要增添酸味，可加入一顆檸檬。

STEP 2　釀漬

草莓與冰糖的比例是10顆：150g。將材料全部裝入玻璃罐後，再倒滿白蘭地，蓋上蓋子。

STEP 3　熟成

放置約1～4週後取出水果。釀漬期間可能發生水果褪色、形狀崩塌、產生沉澱物等情形，盡可能把水果拿出來。

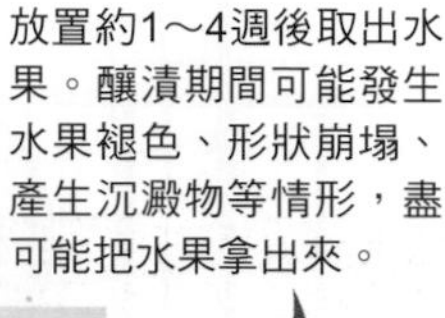

完成！

草莓蘇打酒，清爽好喝！

用牛奶調配出大人的草莓牛奶

水果都取出後就可立即飲用，甚至多放幾個月也行。除了直接喝，也可搭配氣泡水、牛奶、優格等一起飲用。

觀看影片

酒×水果×糖的組合無上限！

釀果實酒有趣之處在於，與不同食材組合就會有完全不同的味道。至今我釀過30種以上的酒。請試做看看，並開心地與家人一起享用釀好的美酒吧！

還有這些好喝的果實酒！

奇異果利口酒

奇異果 × 利口酒 × 冰糖

建議釀1個月後再飲用。可感受清爽的甜味與酸味。

焦糖香蕉萊姆酒

香蕉 × 萊姆酒 × 冰糖+焦糖

萊姆酒與焦糖、香蕉的甜味堆疊在一起，形成令人難忘的滋味。

第 7 章

香草＆新芽

香草和新芽不需太多日照，

在室內也能長得很好。

不同種類的香草，葉子的形狀完全不同，

混合種植在一起也能看得出來。

雖說是蔬菜，感覺更像是照顧喜愛的花花草草。

難易度

★★★★

場所

廚房→室內（窗邊）

栽種時期

整年

從種植到採收的期間

約1個月

▼栽培方法

迷你托盤	杯子	盆器 小 中 大

葉和莖都能食用
具有溫和的香氣

原產於地中海的香草，也被稱為「甜茴香」或「小茴香」。在歐式料理中多半被應用在沙拉或增添魚料理的香氣，而中式料理上可以清炒、煎蛋等等。若要再生栽培，請購買有根的。

1 浸水

食用莖、葉前，留下5～6cm的根部不要食用，將它浸泡到盛有水的杯子裡。水量要蓋過2～3cm的根部。吸水後會恢復活力。

2 準備容器和土壤

選用中型盆器，最下方鋪缽底石（輕石），倒入約九分滿的蔬菜用培養土。因選用的培養土裡已經混有肥料，所以不需再加基肥。

3 移植到土壤裡

先在土裡挖個洞，把根埋進土壤裡。植株之間須間隔20cm。盆栽放在日照不太充足的地方也沒關係。

4 澆水

第一次澆的水量要很多，讓土壤全部都濕潤，所以水要不停地澆，直到從盆器底部流出來為止。當土壤表面變乾燥時，就表示需要再澆水。1個月之後再追肥就可以了。

5 採收

做菜需要時，再拿剪刀剪下即可。即便採收過一次，新葉還是會陸續生長出來。但，開花後葉片變硬，就表示收穫結束了。

MIYAZAKI MEMO

非常適合家庭菜園初學者

生長速度快、如線條般優美的葉子，加上溫和的香氣等等，都是培育茴香的一大樂趣。由於對日照的需求少，即使是在室內也能培育得很好，短時間內水耕也沒問題。

羅勒

難易度

★★★★

場所

廚房→室內（窗邊）

栽種時期

整年

從種植到採收的期間

約1個月

▼ 栽培方法

迷你托盤 | 杯子 | 盆器 小 中 大

從春天到夏天都能收穫滿滿

用新鮮、清香的羅勒入菜，可以為料理增添風味，或是做成青醬、卡布里沙拉，都美味十足！由於不耐寒，春夏兩季是能收穫最多的季節。在日照強或是西曬的場所，也能生長得很好。

1 浸水

即使不種在土裡也能採收！

食用完葉片後，將留下的莖浸泡到盛有水的杯子裡。水量要蓋到莖的一半。約過1星期後，根就會從莖的地方長出來。根長到5cm前都以水耕栽培。需要每天換水並清洗。

2 準備容器和土壤

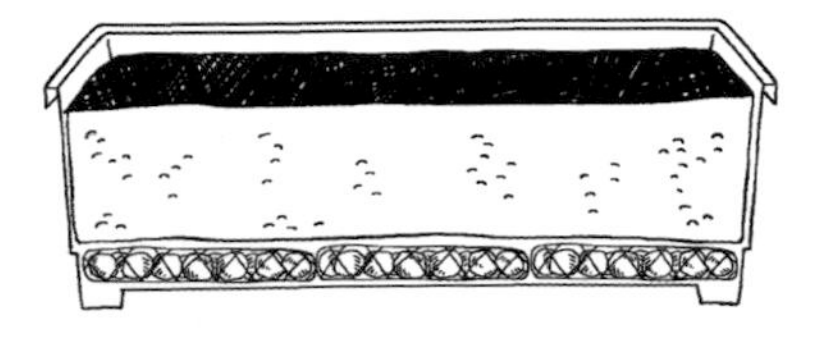

選用中型盆器，最下方鋪缽底石（輕石），倒入約九分滿的蔬菜用培養土。因選用的培養土裡已經混有肥料，所以不需再加基肥。

3 移植到土壤裡

POINT

如果留下大片葉子，水分會從葉子蒸散。所以大片的葉子要先採收喔！

先在土裡挖個洞，把根埋進土壤裡。植株之間須間隔20cm。盆栽最好放在日照充足的陽台。

4 澆水

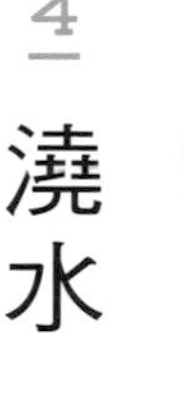

第一次澆的水量要很多，讓土壤全部都濕潤，所以水要不停地澆，直到從盆器底部流出來為止。當土壤表面變乾燥時，就表示需要再澆水。1個月之後再追肥就可以了。

5 採收

做菜需要時，再拿剪刀剪或是手摘都行。即便採收過一次，新葉還是會陸續生長出來。但因寒冬而枯萎，或是開花，就表示收穫結束了。

MIYAZAKI MEMO

採花取籽也是樂趣之一

順順利利地培育，到了夏天就會開出小小的可愛花朵。可把花朵摘下做居家裝飾，或是培育到可以取籽的時候，確實乾燥後取下籽。到了春天，就播籽種植看看吧！

迷迭香

葉細小卻有濃郁香氣
各種料理都能加一點

令人精神一振的香氣，加一點就能為魚、肉、馬鈴薯等食材去除腥味、增添美味，一直以來都相當受到喜愛！細長葉子的特殊姿態，與即使到了冬天也能保持鮮綠，從這兩點來看，是培育起來令人心曠神怡的香草。

難易度

★★★★

場所

廚房→室內（窗邊）

栽種時期

整年

從種植到採收的期間

約1個月

▼ 栽培方法

迷你托盤

杯子

盆器

小 中 大

1 浸水

將帶有葉子的莖浸泡到水杯裡。水量蓋到莖的一半。約過1星期後，根會從莖的地方長出來。根長到5cm前都以水耕栽培。需要每天換水與清洗。

2 準備容器和土壤

選用中型盆器，最下方鋪缽底石，倒入約九分滿的蔬菜用培養土。因選用的培養土裡已經混有肥料，所以不需再加基肥。

3 移植到土壤裡

先在土裡挖個洞，把根埋進土壤裡。植株之間須間隔10cm。盆栽放在日照不太充足的地方也沒關係。

4 澆水

第一次澆的水量要很多，讓土壤全部都濕潤，所以水要不停地澆，直到從盆器底部流出來為止。當土壤表面變乾燥時，就表示需要再澆水。1個月之後再追肥就可以了。

5 採收

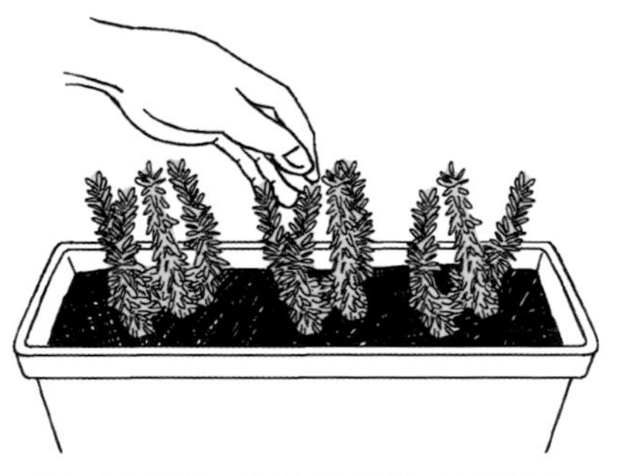

做菜需要時，再拿剪刀剪或是手摘。即便採收過一次，新葉還是會陸續生長出來。枯萎就表示收穫結束了。

MIYAZAKI MEMO

一次培育，三種樂趣！

無論是哪種香草，它們的生命力都極為旺盛，室內栽培完全沒有問題。大部分的葉子形狀也都很有自己的風格，作為觀賞植物，混合種植在同一個盆栽裡更有趣喔！當作室內裝飾的視覺享受、香草獨特的香味享受，以及採收入菜的料理享受，一次就能擁有三種樂趣！

台灣廣廈 國際出版集團
Taiwan Mansion International Group

國家圖書館出版品預行編目（CIP）資料

以菜種菜真簡單：第一本居家「再生栽培」圖解入門書！利用剩的菜根、莖葉，一個杯子就能種！ / 宮崎大輔著. -- 初版. -- 新北市：蘋果屋, 2022.11
面； 公分
ISBN 978-626-96427-4-8（平裝）
1.CST: 蔬菜 2.CST: 栽培

435.2 111015163

以菜種菜真簡單

第一本居家「再生栽培」圖解入門書！利用剩的菜根、莖葉，一個杯子就能種！

作　　者／宮崎大輔

日本編輯團隊

ART DIRECTION／柴田ユウスケ（soda design）
DESIGN & DTP／吉本 花、北英理香（soda design）
ILLUST／門川洋子〔野菜〕、松島由林〔栽培工程〕
PHOTOGRAPHER／神保達也、EDWARD.K
PROOFREADING／ぴいた
WRITER／大川真由美
EDITOR & WRITER／礒永遼太（エディマート）
EDITOR／伊藤甲介（KADOKAWA）

譯　　者／王淳蕙
編輯中心編輯長／張秀環
編　　輯／許秀妃
封面設計／何偉凱
內頁排版／菩薩蠻數位文化有限公司
製版・印刷・裝訂／東豪・承傑・秉成

行企研發中心總監／陳冠蒨
媒體公關組／陳柔彣
綜合業務組／何欣穎
線上學習中心總監／陳冠蒨
產品企製組／黃雅鈴

發 行 人／江媛珍
法律顧問／第一國際法律事務所 余淑杏律師・北辰著作權事務所 蕭雄淋律師
出　　版／蘋果屋
發　　行／蘋果屋出版社有限公司
地址：新北市235中和區中山路二段359巷7號2樓
電話：（886）2-2225-5777・傳真：（886）2-2225-8052

代理印務・全球總經銷／知遠文化事業有限公司
地址：新北市222深坑區北深路三段155巷25號5樓
電話：（886）2-2664-8800・傳真：（886）2-2664-8801
郵政劃撥／劃撥帳號：18836722
劃撥戶名：知遠文化事業有限公司（※單次購書金額未達1000元，請另付70元郵資。）

■出版日期：2022年11月
ISBN：978-626-96427-4-8